JN120683

# 僕らは
# まだテレビを
# あきらめない

是枝裕和・川端和治・早大そうだったのか！ジャーナリズム研究会 著

緑風出版

目　次　僕らはまだテレビをあきらめない

# 序　章

第一次安倍政権で総務大臣を務めた菅義偉前首相が総務大臣在任中に目指した、放送事業者に行政処分を科すことを可能にする放送法改正案の成立に対抗するため、放送界は、放送倫理・番組向上機構（BPO）内に新たに放送倫理検証委員会を設けた。広瀬道貞・日本民間放送連盟会長（右）は記者会見で意義を語った＝2007年5月10日、東京都千代田区で

## ＢＰＯはなぜ発足したか

昨年の二〇二三年は、日本のテレビ放送が開始されてから七〇年、さらにＢＰＯと呼ばれるテレビ業界の第三者機関「放送倫理・番組向上機構」が発足してから二〇年の節目だった。

ＢＰＯはＮＨＫや日本民間放送連盟（民放連）とその加盟会員各社が二〇〇三年七月に設けた任意団体で、同機構の英語名「Broadcastig Ethics & Program Improvement Organization」の頭文字をとったものだ。

戦後の五三年にテレビ放送が開始されて以降、テレビ放送は高度成長期に受信機が各家庭に普及するとともに発展し、社会に及ぼす影響力と公共性が大きい主要メディアとなり、その地位はいまのインターネットの時代でも確保しつづけている。そうしたなかでＢＰＯは発足以来、放送の「言論と表現の自由」を守りつつ、放送番組による被害や苦情、放送倫理上の問題から視聴者の人権を擁護するために、独立した立場で放送局に見解を示し、近年は厳しい意見や勧告も行っている。

その一方で、放送は新聞とは異なり電波法に基づく免許事業であり、放送番組の編集内容などは放送法で規定されている。ＢＰＯはそれらを根拠にした政治や行政の不当な介入を防ぐとともに、各放送局の自主・自律を支える「橋頭堡」「ご意見番」の役割を担ってきたといえるだろう。

「これ、おかしいじゃないですか」。TBS の報道番組「NEWS23」に生出演した安倍晋三首相（当時）は、「アベノミクス」の効果に疑問を示した街頭インタビューの大半が否定的な意見だったことに反発。その効果について説明した時間は、街頭インタビュー全体の２倍にも及んだ＝「NEWS23」（2014 年 11 月 18 日放送）から

ではなぜ、ＢＰＯができたのか。テレビ界を揺るがした事件などに触れて、その歴史的経緯を振り返ってみたい。

一九六五年、民放連や日本テレビ、ＮＨＫ、日本広告主協会など八者で構成する日本放送連合会内に放送番組全般について大所高所から意見を述べることを目的に「放送番組向上委員会」がつくられた。六九年三月、同連合会の解散を受け、ＮＨＫと民放連が放送倫理の向上と放送文化の発展を目的に「放送番組向上協議会」を発足させ、そのなかに再び設置された「放送番組向上委員会」がのちの「放送倫理検証委員会」の前身となる。

その後、テレビ放送の信頼を低下させる出来事が相次いだ。

八五年八月、テレビ朝日の「アフタヌーンショー」で放送された東京都内の多摩川河川敷バ

ーベキューパーティーでの暴走族構成員らによる女子中学生リンチ事件が番組制作者側のやらせだったことが判明。九二年、朝日放送、読売テレビ、NHKスペシャルの各番組でもやらせが相次いで表面化した。

九三年にテレビ朝日の取締役報道局長が民放連の会合で衆議院選挙報道をめぐって公平性を疑わせる発言をしたことを発端とした「椿事件」があり、九五年には、オウム真理教事件に絡みTBSが坂本堤弁護士の生前に教団批判のインタビューを収録し、そのビデオテープを教団幹部に見せて、放送を中止していたとする社内調査結果を公表した。坂本弁護士一家三人は八九年に教団幹部らに殺害されている。

九七年の神戸連続児童殺傷事件では過熱報道が問題視され、九八年、栃木県での男子中学生の女性教師刺殺事件で加害者が「テレビドラマの主人公に憧れてナイフを買った」と供述し、テレビドラマの青少年に与える影響をめぐる議論が起きている。

こうした不祥事を受けて九七年六月、民放連とNHKは放送による人権侵害を救済するための初めての機関「放送と人権等権利に関する委員会」(BRC)を設け、それに先立つ五月に「放送と人権等権利に関する委員会機構」(BRO)を設立している。二〇〇〇年には、もう一つの放送番組向上協議会内に「放送と青少年に関する委員会(青少年委員会)」が新たに設けられ、放送番組向上委員会は〇二年に「放送番組委員会」に改められた。

これら放送番組と視聴者の被害の窓口となり救済につながる回路について放送業界が率先した

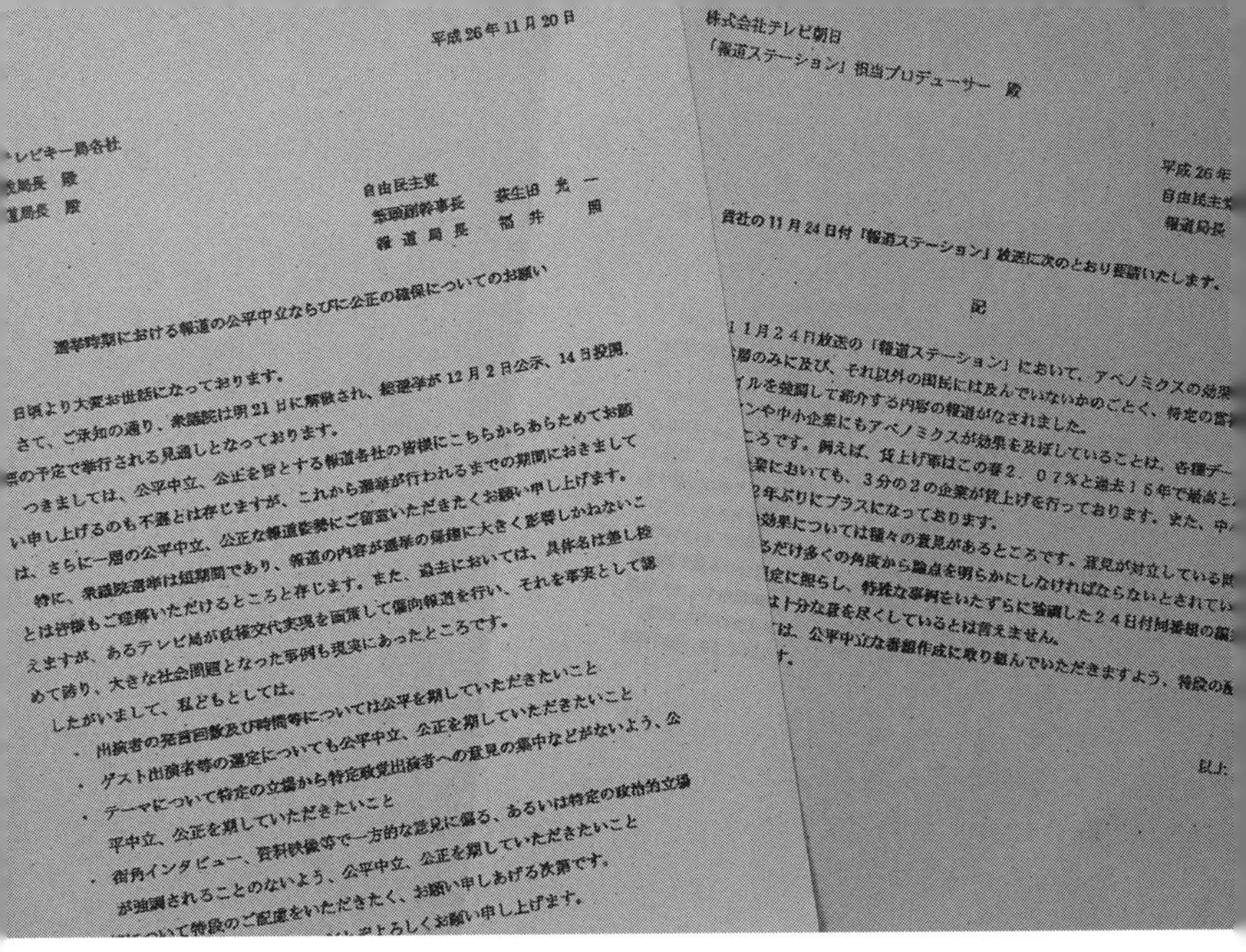
平成26年11月20日

…レビキー局各社
…局長 殿
…道局長 殿

自由民主党
筆頭副幹事長 萩生田 光一
報道局長 福井 照

選挙時期における報道の公平中立ならびに公正の確保についてのお願い

日頃より大変お世話になっております。
さて、ご承知の通り、衆議院は明21日に解散され、総選挙が12月2日公示、14日投開
票の予定で挙行される見通しとなっております。
つきましては、公平中立、公正を旨とする報道各社の皆様にこちらからあらためてお願
い申し上げるのも不遜とは存じますが、これから選挙が行われるまでの期間におきまして
は、さらに一層の公平中立、公正な報道姿勢にご留意いただきたくお願い申し上げます。
特に、衆議院選挙は短期間であり、報道の内容が選挙の帰趨に大きく影響しかねないこ
とは皆様もご理解いただけるところと存じます。また、過去においては、具体名は差し控
えますが、あるテレビ局が政権交代実現を画策して偏向報道を行い、それを事実として認
めて誇り、大きな社会問題となった事例も現実にあったところです。
したがいまして、私どもとしては、
・出演者の発言回数及び時間等については公平を期していただきたいこと
・ゲスト出演者等の選定についても公平中立、公正を期していただきたいこと
・テーマについて特定の立場から特定政党出演者への意見の集中などがないよう、公
平中立、公正を期していただきたいこと
・街角インタビュー、資料映像等で一方的な意見に偏る、あるいは特定の政治的立場
が強調されることのないよう、公平中立、公正を期していただきたいこと
…について特段のご配慮をいただきたく、お願い申しあげる次第です。
…よろしくお願い申し上げます。

株式会社テレビ朝日
「報道ステーション」担当プロデューサー 殿

平成26年…
自由民主党…
報道局長…

貴社の11月24日付「報道ステーション」放送に次のとおり要請いたします。

記

11月24日放送の「報道ステーション」において、アベノミクスの効果…
…層のみに及び、それ以外の国民には及んでいないかのごとく、特定の富…
…イルを強調して紹介する内容の報道がなされました。
…ンや中小企業にもアベノミクスが効果を及ぼしていることは、各種デー…
…ころです。例えば、賃上げ率はこの春2．07％と過去15年で最高と…
…業においても、3分の2の企業が賃上げを行っております。また、中…
…2年ぶりにプラスになっております。
…効果については種々の意見があるところです。意見が対立している問…
…るだけ多くの角度から論点を明らかにしなければならないとされてい…
…定に照らし、特殊な事例をいたずらに強調した24日付同番組の編…
…は十分な意を尽くしているとは言えません。
…は、公平中立な番組作成に取り組んでいただきますよう、特段の…
…す。

以上

第二次安倍政権発足後初めての衆議院選（2014年12月）を前に、自民党が在京民放キー局に送った「選挙時期における報道の公平中立ならびに公正の確保についてのお願い」の文書（11月20日付）＝左＝と、テレビ朝日「報道ステーション」の担当プロデューサーに宛てた文書（11月26日付）

というよりは、政府の要請や郵政省（現総務省）などの提言——例えば、郵政省の「多チャンネル時代における視聴者と放送に関する懇談会」の最終報告書（一九九六年一二月）——を受けるかたちで後手に回って新設されている。各局にはそれぞれ五九年に改正された放送法に基づく「放送番組審議機関」（番組審議会）があるものの、十分に機能していないと指摘されてきた。

そして〇三年、放送番組向上協議会とBROが統合されて設立されたのが、現在のBPO（放送倫理・番組向上機構）である。その傘下にある「放送番組委員会」「青少年委員会」は視聴者からの意見を受けて問題のある放送番組や放送倫理のあり方について有識者委員と放送事業者

が合同で協議・審議し、必要に応じて見解や提言、声明などを公表。また「放送と人権等権利に関する委員会（現・放送人権委員会）」は名誉やプライバシーなどの人権侵害を受けたとの申し立てを受けて審理し、判断している。

## 放送倫理検証委員会

さて、本書が主に取り上げ、議論を試みたのは、その後の〇七年五月につくられた「放送倫理検証委員会」である。旧来の放送番組委員会を改組し、新たにスタートした。

そのきっかけとなったのが、同年一月七日に放送されたフジテレビ系列の関西テレビ制作の情報バラエティー番組「発掘！あるある大事典Ⅱ」問題だ。放送後、納豆によるダイエット効果を紹介したデータの捏造などが発覚し、放送番組委員会（委員長・天野祐吉氏＝コラムニスト）が、この問題で審議入りした。関西テレビは捏造があったことを認めて陳謝し、報告書と検証番組を制作することになる。

その放送番組委員会の有識者委員は二月、異例の声明を出した。放送事業者を除き、天野委員長をはじめ委員八人が第三者の立場で放送業界に行った厳しい「警告」と提言はいまもなお貴重であり、その一部を紹介したい。

捏造問題について「ジャーナリズム産業の基本の放棄であり、視聴者の期待を裏切り、放送界全体の信頼性を損ない、ひいては言論・表現・報道の自由を危うくする出来事と言わざるを得ない」と断じたうえ、「これまでも放送界はしばしば深刻な不祥事を繰り返してきた。そのたびに放送局は陳謝し、再生や再発防止を誓ってきたが、不祥事はいっこうに収まらない。ひとつひとつの態様は異なるとはいえ、こうしたことが繰り返される背景には、放送界が全体として抱える構造的な問題がありはしないだろうか」と問いかける。

そして具体的に三つの問題点を挙げる。まず「番組制作システム」で番組制作の外部協力や下請けによる分業構造、コスト面のしわ寄せや制作環境の悪化を指摘。二つ目の「放送従事者の教育システム」では放送従事者にはその自由を享受するにふさわしい見識と責任意識を持つことを求め、将来的には一定の経験を積んだ放送従事者がさらに見識を深めるため、放送界が豊かで専門性の高い教育制度づくりに取り組むことへの期待を述べる。

さらに注目したいのが、三つ目の「公権力が放送に介入することへの懸念」だ。ＮＨＫの国際放送に対する「命令放送」、民放の報道番組やスポーツ中継の不手際に関する「厳重注意」など政府・総務省による放送界への関与・介入が強まっているという印象を明らかにし、関西テレビの不祥事に総務省が「報告」を求めていることに対しても「いずれも放送法や電波法に基づくとされるが、本来、民主主義社会の根幹をなす言論・表現・報道の自由の重要性に鑑みれば、慎重の上にも慎重を期すべき事柄であり、行政の役割は、直接に指示したり、懲罰的な行政指導を行なうことではないと考える」と釘を刺している。

声明は最後に「私たちは、健全で、魅力にあふれた放送が、民主主義社会をいきいきと成熟させるために欠かせないと考えている」とエールを送りつつも、相次ぐ不祥事については「その底流には、構造的な問題が横たわっていることを示しているが、その深部への切開が行なわれ、そこから再発防止のための具体的な手だてが講じられなければ、この国の民主主義の将来も危ういと、私たちは深く憂慮している」と締めくくっている。

この放送番組委員会は二〇〇七年五月一一日で解散し、有識者委員が声明に込めた危機感とテレビ愛を継ぐかたちで新たに有識者のみで構成する「放送倫理検証委員会」の設立に至る。その頃、当時の菅義偉総務大臣（前首相）は「発掘！あるある大辞典Ⅱ」捏造問題を機に放送番組について行政指導ではなく、行政処分として放送局に再発防止計画の提出を求めることを可能にするなどの放送法の「改正」に乗り出すが、その菅大臣とのやりとりや独立した第三者委員会の放送倫理検証委員会設立までの経緯は、第3章の「広瀬道貞・元民放連会長が明かす放送倫理検証委をつくったわけ」に詳しい。民放連側の当事者が知る貴重な証言となっている。

## 安倍政権の政治介入

その菅氏が官房長官として支えた第二次安倍政権は、政権と放送の関係を逸脱し悪化させる方向で推移していく。二〇〇九年八月の総選挙で自民党は下野し、民主党に政権交代したが、安倍晋三氏は一二年一二月の総選挙で勝利して首相に返り咲き、第二次安倍政権スタートさせた。本格政権を期待されながら閣僚の辞任ドミノで失速し、自身の病気から一年で辞めた第一次政権の反省からかメディア対策に力を入れ、国政選挙六連勝を背景に第二次政権では「安倍一強」時代を歩みつづけ、二〇年九月に退陣するまで八年近い長期政権を築いた。

第二次安倍政権で最初の信任となる師走総選挙を控えた一四年一一月一八日夜、安倍首相はTBS系のニュース番組「NEWS23」に生出演した。アンカー（ニュースキャスター）は岸井成格（しげただ）毎日新聞特別編集委員とTBS専属の膳場貴子氏。政権が進める経済政策「アベノミクス」が総選挙の争点となっているとして、景気回復が国民の間で実感されているのかを尋ねた「街の声」を紹介。そのなかで六人中、五人が否定的な感想を述べたことに安倍首相は色をなして、「これはですね、街の声ですからみなさん（TBS）で選んでいるかもしれませんよ。これ、おかしいじゃないですか」と反論し、とうとうアベノミクスの成果などについてまくしたてたのである。

この一件はそれで落着しなかった。後日、自民党総裁特別補佐の萩生田光一・筆頭副幹事長、福井照・報道局長の連名で在京テレビキー局の編成局長、報道局長宛てで、選挙報道で偏りがないようにとする内容の申し入れを文書で行った。政権与党の要請は放送の自由への不当な介入にあたり、実質的に圧力をかける内容となっていた。

これを手始めに放送法第三条の「放送番組編集の自由」の規定を無視するかのように放送局への干渉・介入を強め、「政治的に公平であること」など四つの番組編集準則を定めた第四条を「法的規範」と解釈して、「公平中立・公正」の名の下に政治・選挙報道に対し露骨に圧力をかけてきた。本来、電波行政を司る政権や与党は謙抑的に放送事業者を見守り、「放送の自由」を担保するべき立場といえる。にもかかわらず自民党政権下、行政指導に名を借りた介入や放送法「改正」の動き、高市早苗総務大臣（現・経済安全保障担当大臣）が「停波」発言を繰り返し、自民党が法的根拠もなく番組内容をめぐってＮＨＫやテレビ朝日の幹部を呼びつけることもあった。

こうした流れや積み重ねのなかで、放送局の幹部や職員のなかには政権党の意向を忖度し、放送の自由を自ら縛るような自己規制や自粛の雰囲気が広がっていると放送関係者からたびたび耳にし、実際に番組を見ていてもそう感じることが少なくなかった。

## 放送法第四条とは何か？

そもそも戦後の一九五〇年に制定された放送法とは何か。しばしば「放送法（四条）違反」という声が政権や自民党幹部から発せられ、それに呼応してメディアも安易に活字に刻む場面も見受けられた。繰り返すが、放送法は第三条で「放送番組は、法律に定める権限に基づく場合でなければ、何人からも干渉され、又は規律されることがない」と定めている。このように、第四条については刑法のように放送事業者（局）や放送番組を犯罪取り締まりの対象とするような「法的規範」ではなく、ＮＨＫや民間放送局の報道を通じて民主主義の健全な発展を促すための「倫理規範」である。戦前、ラジオ放送や新聞が軍部政権と一体化し、正確な情報を伝えずに戦争協力に加担した痛切な反省を踏まえ、放送法は放送局の不偏不党や自主自立を原則とし、編集の自由を最大限尊重してつくられている。不当な公権力から放送の「表現・報道の自由」を守るものではなかったのか。

放送法四条をめぐる政治と放送のあり方の議論や論争は、国会やメディアで繰り広げられてきたものの、当事者の放送局が正面切って取り上げることには後ろ向きだった。

いま一度、同法の原点と精神に立ち返る必要があるが、幸いBPOの放送倫理検証委員会の初代委員長を務めた弁護士の川端和治（よしはる）氏と、九年間にわたって同委員会委員だった映画監督の是枝裕和氏がそれぞれ自ら放送の自由への危機感や政権の「歴史修正主義」などを批判する論考を著作やブログで発表している。いま映画を主戦場に活躍される是枝氏のテレビに対する言葉の端々には、出自とするテレビ番組制作の後輩たちへの叱咤激励が感じられ、政権に忖度・自粛しがちとされかねないテレビの存在を「あきらめる」ことなく、いまもなお愛してやまない告白にも思える。

ＢＰＯの放送倫理検証委が出した決定などは四五件（二〇二四年一月現在）に上り、最近も放送番組の制作における倫理的な問題は絶えない。二〇二一年一二月に放送されたＮＨＫＢＳ１のドキュメンタリー番組「河瀬直美が見つめた東京五輪」で五輪反対デモに参加しているという男性が「実はお金をもらって動員されていると打ち明けた」と紹介した字幕内容が誤りだったとして、同委員会（委員長・小町谷育子弁護士）は「重大な放送倫理違反があった」とする意見を公表した。二三年五月にはＮＨＫの報道番組「ニュースウオッチ９」が新型コロナウイルスワクチンの接種後に家族が亡くなったと訴える遺族の発言を、コロナ感染で死亡したかのように取り上げた問題についても審議し、「放送倫理違反があった」と判断した。

この間、わたしたち「早稲田大学次世代ジャーナリズム・メディア研究所そうだったのか！ジャーナリズム研究会」の六人のメンバーは、川端氏や是枝氏、自民党の石破茂元幹事長、片山虎之助元総務大臣らの意見や見識に耳を傾けながら、さまざまな議論を重ねてきた。

そうしたなか二三年三月、小西洋之参議院議員（立憲民主党）は放送法四条に定める「政治的公平」の解釈について当時の礒崎陽輔首相補佐官（二〇一四〜一五年）と総務省との間のやりとりを記録した七八ページに及ぶ行政文書を公開した。文書には当時の高市早苗総務大臣が従来の政府見解を事実上見直すような発言をするまでの経緯が記されている。これまでの「番組全体でみる」のではなく、「一つの番組でもおかしい場合がある」ときには、「政治的公平」であるかどうかを判断できるというものだ。礒崎氏は働きかけを認め、総務省側も文書の存在を認めたが、高市氏は同省のレクに対する自身に関わる内容を「捏造だ」と主張し、認めていない。

二二年七月の参議院選投開票日の二日前、安倍元首相が奈良市内の駅頭で遊説中に銃撃死してから一年半が過ぎた。第二次安倍政権を中心に起きた公権力と放送のいびつな関係を改め、本来あり得る姿を検証する時期に来ている。

本書は放送法四条とは何か？　放送倫理検証委員会の意見とは？　「公平中立・公正」をどう捉えたらいいのか？　……尽きぬ疑問や思いに微力ながら「早稲田大学次世代ジャーナリズム・メディア研究所そうだったのか！　ジャーナリズム研究会」が少しでもアプローチし、整理した途中報告である。

野呂法夫

# 第１章　是枝裕和監督の放送愛

「放送倫理検証委員会のメンバーのなかで行政や政治が放送局に対する介入を繰り返すことに危機感とか怒りをおそらく僕がいちばん強く感じでいた」。是枝裕和監督は「そうだったのか！ジャーナリズム研究会」の聞き取りにそう語った＝2021年7月28日、東京都渋谷区で

# 1　是枝裕和監督が語る　放送法と歴史修正主義

（「そうだったのか！　ジャーナリズム研究会」の聞き取りは二〇二一年七月二八日に行った）

## なぜ放送法が盾にならない

ＮＨＫや日本民間放送連盟とその加盟各社でつくる第三者機関「放送倫理・番組向上機構（ＢＰＯ）」があります。その中に二〇〇七年、「放送倫理検証委員会」が新設され、その委員を一〇年四月から一九年三月まで九年間にわたって務めました。その間、一一年三月に東日本大震災が発生しましたが、それを挟んだ民主党政権と第二次安倍政権の時代です。初代委員長は弁護士の川端和治（よしはる）さん（委員・〇七年五月〜一八年三月）です。僕は委員の後半に委員長代行にもなりました。

放送倫理検証委員会の役割について簡単に説明しますと、放送された番組について、委員会で番組の内容や取材・制作のあり方などについて調査し、議論します。そして必要に応じて「意見」を述べたり、「勧告」または「見解」を公表したりしています。委員在任中に多くのことを学びましたが、政府・与党による放送への介入を間近に見ることもできました。

まず、どのような経緯で委員に就いたかというお話からしますが、一九年に委員を辞めてずいぶん経っているのと、この間、二年近くは映画制作のため韓国とフランスにいたので長期間、日本からは離れていました。ですから、そんなには日本のテレビのいまの状況を継続して追えていないので、放送法をめぐる問題や課題、政治の放送への介入などについては委員当時、ブログで書いて発表したときから認識はさほど進んでいないのです。それと僕は専門の研究家ではないので、大学の専門の授業で使っていただけるようなことをしゃべれる自信はないです。現場の人間が頑張って勉強しました、というだけです。

それを前提にしたお話になりますが、僕は制作現場の人間だったので、実は委員になる前にはあまり正しくBPOの役割を認識していませんでした。作り手からすると、（BPOの存在は）めんどうくさいなぁって。「そのくらいのことは、現場のディレクターが判断するべきことだろう」という意識でした。委員たちが放送の現場における倫理について議論していることに対しては、「現場経験のない人間が偉そうに」と思っていたんですよ。

僕は大学を卒業した一九八七年、テレビマンユニオンに参加し、テレビの世界に入りました。同社はＴＢＳでドラマの演出やドキュメンタリー作品を手がけた故・村木良彦さんらが退社し、七〇年に設立した番組制作会社です。村木さんはテレビマンユニオンの社長も務めます。僕が参加したときには別の会社を設立していましたが、僕のテレビ界での師匠のような存在でした。その村木さんがBPOの放送倫理検証委員会が設立された二〇〇七年五月から委員を務めていたのですが、八カ月後の〇八年一月に亡くなられました。その後任としての推薦が委員会メンバーからあり、村木さんの名前を出されると断れないので、お引き受けしたのです。

それと現場で番組を作った経験のある委員が一人もいないというのは、やはりバランスが悪いのではないかと思って入ってみたのですが、入ってみたらたいへん勉強になりました。とても面白かったです。最初のころは設立時から委員だったノンフィクション作家の吉岡忍さんやジャーナリストの立花隆さんがいて、非常に重厚なメンバーがそろっていました。

いろいろな現場で揉めるたびになぜ、放送法が作り手の盾にならないのか？　なぜ、権力が都合よく矛のように放送局に向ける根拠になるのか？　ということについて疑問を抱いていましたから、自分なりに調べていたりしたので、ある程度の知識を持っていたつもりではありました。しかし、弁護士を中心に交わされている委員会での議論は非常に論理的で勉強になりました。

## あまりにもレベルが低い

法律というのは本来、その法律をつくった段階にまでさかのぼり、立法趣旨に照らしてどのように解釈するべきなのかということに徹底的に添うべきだという考え方に加え、放送倫理検証委員会というのは番組に対する提言を、放送局に対してしかしてはいけないというルールなんです。放送局に対する政府の不法な介入を批判する権限は持たないのです。あくまで放送局に対して、という点は厳密でした。その場合でも、僕は番組の制作会社出身なので、意見書は制作会社を含んだ形での文言であるべきだと思っていました。

平成26年11月20日

在京テレビキー局各社
編成局長　殿
報道局長　殿

自由民主党
筆頭副幹事長　萩生田　光一
報道局長　福井　照

選挙時期における報道の公平中立ならびに公正の確保についてのお願い

日頃より大変お世話になっております。

さて、ご承知の通り、衆議院は明21日に解散され、総選挙が12月2日公示、14日投開票の予定で挙行される見通しとなっております。

つきましては、公平中立、公正を旨とする報道各社の皆様にこちらからあらためてお願い申し上げるのも不遜とは存じますが、これから選挙が行われるまでの期間におきましては、さらに一層の公平中立、公正な報道姿勢にご留意いただきたくお願い申し上げます。

特に、衆議院選挙は短期間であり、報道の内容が選挙の帰趨に大きく影響しかねないことは皆様もご理解いただけるところと存じます。また、過去においては、具体名は差し控えますが、あるテレビ局が政権交代実現を画策して偏向報道を行い、それを事実として認めて誇り、大きな社会問題となった事例も現実にあったところです。

したがいまして、私どもとしては、

・出演者の発言回数及び時間等については公平を期していただきたいこと
・ゲスト出演者等の選定についても公平中立、公正を期していただきたいこと
・テーマについて特定の立場から特定政党出演者への意見の集中などがないよう、公平中立、公正を期していただきたいこと
・街角インタビュー、資料映像等で一方的な意見に偏る、あるいは特定の政治的立場が強調されることのないよう、公平中立、公正を期していただきたいこと

――等について特段のご配慮をいただきたく、お願い申しあげる次第です。

以上、ご無礼の段、ご容赦賜り、何とぞよろしくお願い申し上げます。

自民党が在京民放キー局に送った「選挙時期における報道の公平中立ならびに公正の確保についてのお願い」の2014年11月20日付文書

自民党の萩生田光一氏が筆頭副幹事長だった二〇一四年一一月二〇日、翌一二月一四日投開票を控えた衆院選にあたって彼の名で在京キー局に「選挙時期における報道の公平中立ならびに公正の確保についてのお願い」という文書を出した件もそうです。これは安倍晋三首相がTBSの報道番組「NEWS23」に出演し、争点となっていたアベノミクスに対して番組内で紹介された街の声の多くが否定的だったことがきっかけでした。自民党からの介入に対して、BPOは声を上げるべきだと訴えたこともありましたけれども、放送倫理検証委員会はその権利を持っていないということで、頑なに守るという姿勢でした。

なぜそうするかというと、自民党がやっていること――例えば、萩生田氏らの名前で放送局に出した先の要請や、自民党の情報通信戦略調査会（当時、川崎二郎会長）が一五年四月に、「クローズアップ現代」の出家詐欺の番組で「やらせ演出」疑惑が持ち上がったNHKと、「報道ステーション」ゲストコメンテーターの古賀茂明氏が最後の出演中に菅義偉官房長官や官邸からバッシングを受けてきたと発言した際にテレビ朝日の幹部を呼んで事情を聴取したりすること――のような、権限がないのに放送局に口を出すなどいろんな人がいろんな場所で行っていることが、放送の自由に歪みを生んでいる。そういう問題に対しては、自分たちBPOも同じことをするのではなく、自分のできることを自分ができる範囲でちゃんとやることに委員は徹していて、相手が恥ずべき行為とした場合でも自らはあくまで倫理的に振る舞ってみせる。すごく感動しました。

それで僕も、その中でできる限りのことをやろうと思いました。ただ、メンバーの中にもいろんなタイプの人たちがいましたが、放送行政が放送局や制作現場に対する介入を繰り返すことに危機感とか怒りをおそらく僕がいちばん強く感じていたと思います。それは公権力に対してだけでなく、きちんとその圧力に向き合おうとしない放送局自身に対してもです。当時の委員長の川端和治さんもそうですが、放送倫理検証委員会がＮＨＫの「クローズアップ現代」で出家詐欺を取り上げた案件に関して言えば、番組への意見の先に権力の介入についてもきちんと言える意見書（一五年一一月）が書けたのはレアケースでした。

《ＮＨＫは一四年五月に「クローズアップ現代」枠で放送した番組「追跡〝出家詐欺〟～狙われる宗教法人～」で出家すると戸籍の名を変えられ、多重債務者でも多額の住宅ローンをだまし取れるという出家詐欺を取り上げた。出家を希望する多重債務者がブローカーに相談するシーンをめぐり、取材した大阪放送局の記者の取材源である債務者とこのブローカーは知り合いという関係だった。『週刊文春』が一五年三月に「やらせ演出」疑惑としてスクープ。放送倫理検証委員会は同年一一月に公表した意見書で「重大な放送倫理違反があった」と判断。併せて、高市早苗総務相が同年四月にＮＨＫに対して行った行政指導（文書での厳重注意）については、「放送による表現の自由は憲法第二一条によって保障され、放送法は、さらに『放送の不偏不党、真実及び自律を保障することによって、放送による表現の自由を確保すること』（第一条2号）という原則を定めている」として、「放送事業者自らが、放送内容の誤りを発見して、自主的にその原因を調査し、再発防止策を検討して、問題を是正しようとしているにもかかわらず、その自律的な行動の過程に行政指導という手段により政府が介入することは、放送法が保障する『自律』を侵害する行為そのもの」。さらに自民党の情報通信戦略調査会がNHK幹部を呼び、非公開の場で説明させたことについても、「放送の自由とこれを支える自律に対する政権党による圧力そのものであるから、厳しく非難されるべきである」と断じた。

この意見書と同じ日に出された「総務省大臣談話」では、「（放送法に違反したかどうかの）最終的な判断は、放送事業者からの事実関係を含めた報告を踏まえ、放送法を所管する総務大臣が行うもの」と反論した》（「そうだったのか！　ジャーナリズム研究会」の補足説明。以下同じ）

放送倫理検証委員会の委員をやっていていちばんつらかったのは、実は問題として上がってくる案件があまりにもレベルが低すぎたことです。「そんなことすら現場でできていないのか？」ということが多かったことです。何て言ったらいいのでしょうか、ここまでレベルが落ちているのかと思うほどで、正直ショックだったですね。そのくらいひどかった。「意図的ではなかったんです」「気づかなかった」という「ばか」を装う作り手が多すぎました。自分の作った番組に対して責任も取らないし、演出だとも言いません。「気づきませんでした」「私たちみんな目が節穴でした」という反省文を書いてくるんですよ。

彼らは、それを狙いとしてやったと言うと作意が入ってしまって、より意見書の内容が厳しくなると考えるからというのもあるのかもしれません。だから「注意しましょうね」「現場でちゃんと情報を共有しましょうよ」とか学校の校則みたいな話になってしまうんです。意見書もA4判の一枚で済んでしまうような案件ばかりになってしまって。それでここまでレベルが低いのではやっていられないと言って辞めた委員もいたほどです。

## 権力側は劣化しただけ

先ほど、出家詐欺問題を取り上げた「クローズアップ現代」についての意見書で政治介入にもの申したと言いましたが、それは特別なことでした。番組の周辺で起きたことが（放送局にとって）示唆に富んでいました。そこで深く掘り下げようと書いたんです。僕がメインで書いたわけではありませんが、出来上がった意見書はとても素晴らしい内容でした。

意見書の最後の「おわりに」で触れた放送法についての話――高市早苗総務相によるNHKに対する厳重注意（一五年四月）を放送法が保障する「自律」を侵害する行為とし、自民党の情報通信戦略調査会が放送局を呼び説明を求めた（同）ことを「政権党による圧力」と断じた――は、もしかすると、この部分はテレビや新聞の報道では意図的か、それこそ「ばか」を装ってスルーされるかもしれないと思ったんです。報道する記者は政治介入にちゃんと焦点を当ててくれるだろうか、ここが記事にならないと嫌だなとか。ＮＨＫを放送倫理違反として叩きたい部分だけを報じるのではないかとか。ＮＨＫは叩かれて当然のことをたくさんしてきましたが、ただ、意見書の放送倫理違反だけを取り上げて強調されると、意見書がたどり着こうと思ったところに報道がたどり着かないとも思いました。

そうなったときに別の形を取らなければと思って、並行して私見としてブログ用の論考を書いていたんです。意見書からは少し遅れましたが、自分なりに考えて、三回にわたって発表しました（一五年一一月七日、同一七日、一六年三月一一日＝全文は資料編に掲載）。

《是枝氏が一一月七日に発表した一回目の論考は「『放送』と『公権力』の関係について」。その中で放送法一条の条文を踏まえ、「『不偏不党』は放送局が求められているのではなく、『公権力』が放送局に保証しているのです。安易な介入はむしろ公権力自身が放送法に違反していると考えられます。にもかかわらず、そのこと自体を公権力も多くの放送従事者もそして視聴者も逆に受けとってしまっていることから、一連の介入が許されている」と指摘したうえで、「公権力はあたかも当然の権利であるかのように『圧力』として、放送局は真実を追求することを放棄した『言い訳』として『両論併記』だ『中立』だなどという言葉を口にする事態を招いている」と述べた。

また、高市早苗総務相が一六年二月に国会で繰り返した「停波」発言は、政治的公平などを定めた放送法四条違反が繰り返された場合、電波法七六条に定めのある無線局の停止を命じる行政処分ができるとする内容だ。この発言を受けて、是枝氏が同年三月一一日に掲載した三回目の論考は「『歴史修正主義』に抗するために」。この中で戦前の放送（ラジオ）が無線電信法（一九一五年）の「無線電信及ビ無線電話ハ政府之ヲ管掌ス」とされ逓信大臣の強大な権限の下に置かれたのに対して、戦後は占領政策の一環として、電波監理委員会が所管するなど郵政大臣が関与できないよう、放送の自由を基調とした放送法が誕生した経緯を詳細に検証。旧郵政省も放送法の解釈を「番組が放送法違反という理由で行政処分するということは事実上不可能」（七七年）と長く維持してきたが、テレビ朝日の椿貞良報道局長が「非自民党政権が生まれるように報道するよう指示した」と報じられた九三年一〇月に郵政省の江川晃正・放送行政局長によって「政治的公正をだれが判断するのかは最終的には郵政省において判断する」と大きく変更となった歴史的事実を浮き彫りにした。

是枝氏は二回目の中で「今、その抑制された自己認識や自省的な歴史認識が公権力の側から急速に失われているのです。『歴史修正主義』の波が、ここにも押し寄せているということなのでしょう」とした。そして三回目の最後に「局の垣根を越えて志ある放送人が、健全な民主主義の発展に資する放送を求める市民たちと、そしてそれらの実現をサポートするＢＰＯとが、正しい歴史認識と情報を共有し連帯していく必要があります。頑張りましょう。放送を巡る歴史修正主義に抗するために」と呼び掛けた》

先ほど話した「ＮＥＷＳ23」に安倍首相が出演した際、アベノミクスを否定する街の声に延々と反論したことについて言えば、番組のスタジオに安倍氏本人を呼んで反論の機会を与えているわけですよね。どんなに批判のある街頭録音をぶつけようが、反論できるのだから偏向でもなんでもありません。本人の能力の問題です。放送局は本来、自民党が出した「選挙時期における報道の公平中立ならびに公正の確保についてのお願い」という文書の内容を突っぱねれば、いいだけの話だと思います。

自民党の情報通信戦略調査会は何の法律上の権限もないところですよね？　ずっと裏からやっていたことを露骨に表から介入を始めたなというふうに思いました。ただ、そのタイミングで介入が始まったというわけではなく、菅義偉前首相が総務大臣だった時代からすでにありました。放送法改正をちらつかせて放送局を牛耳ろうという意図を明快に打ち出したなと当時は感じました。（第一次安倍政権での）菅総務相は、安倍首相よりも危険な存在だと思っていました。放送局の弱みもちゃんと握った上で、コントロールしようという腹黒いものを感じました。

その辺りからでしょうかね。露骨に表に出てきたのは。自民党は、民主党に政権を譲り渡し、下野した（〇九年九月）後にメディアチェックというのを厳重に推し進めました。まず、個別の番組に対してものを言い始めたことがあると思います。戦略的に放送法の解釈をおそらく党内で変えていったのでしょう。戦後の一九五〇年に放送法ができた当時の解釈と真逆の形で放送法を捉えなおすということをやったのだと思います。それに対して放送局自体が対抗策を持ち得ていなかったと言うか、「されるがまま」だったのではないでしょうか。

権力側が何か先鋭化したというより、権力側はただ劣化しただけ。放送局がそれに対して無策過ぎたということだと思います。放送倫理検証委員会の委員として定期的に各局に呼ばれて、その地域の放送局の人たちが集った勉強会に何度か参加しました。そのとき現場のプロデューサー、ディレクターとか制作幹部もいて、彼らから「選挙報道に関しては秒単位まで時間を厳密に守っている」ということを自慢のように言われたんですよ。「私たちは公平公正に対して非常に厳密なルールを作っている放送局である」ということを言われました。これは（政治家などから）批判されないための防衛策でしかないと思いますが、参加した委員の間で「これはまずいぞ」という認識をいっそう持ちました。

## ＮＨＫの「公平」に呆れる

《放送倫理検証委員会は一七年二月、前年の参院選や東京都知事選の番組に関連して、「放送の結果、政党や候補者の印象が同程度になるようなことは求められていない」などとする「意見」を公表し、その中で示した「実質的な公平性」という考えが注目された。選挙報道に関して各党を紹介する時間を均等にするなどの「量的公平性」ではなくて、強い立場の政権党の自民党と野党各党を報じるにあたっての「質的公平性」を求めている。是枝氏と同時期に委員長を務めた川端和治弁護士は、著書『放送の自由――その公共性を問う』（岩波新書）で、ＮＨＫの基準を引用し、「公正に判断すればより小さく扱われるべき意見を形式的に平等に扱うことは求められていない」と指摘。「実質的公平性は、国民の知る権利にはよりよく作用するであろうが、放送局が独立した判断を行うだけの力を持っていなければ、逆に不平等な結果を招く恐れがある」と警鐘を鳴らしている》

その辺は現場の実感としては思っていましたけれども、委員会の議論のなかでは弁護士の委員が判例を持ち出して、こういう考え方が法律では定着しているという話が出てきていました。論理的な議論は、現場での議論を経ていたので、すごくためになりました。

僕がＮＨＫの仕事をしたときですが、臓器移植に絡む係争中の案件を扱ったときに、ナレーションで原告寄りのことを書いていたらＮＨＫの法務部というところから、ナレーションに対してチェックが入りました。表現を変えてくれと言われたのです。脳死による臓器移植を巡って、賛成する意見と反対する意見の秒数を同じにしてくださいという命令に近いものでした。これをそのまま放送すると裁判に訴えられたときに勝てないからというのが理由です。

「ＮＨＫの公平というのは、裁判で訴えられたときに勝てるかどうかということが基準なんですか?」と聞いたら、「そうです」と答えました。公共放送の考える「公平」がその程度なのかと正直呆れましたね。本来は、裁判で訴えられてでも守るべき倫理なり正義なりが放送にはあると思います。それで裁判で負けたのであれば、刑務所に入ればいいと思いますし、お金を払うなりすればいいだけのことです。ただ、そのときに大切なのは、その人が職場復帰したときに「お前は正しい」と拍手で迎えることだと思うんです。違いますか？

《最近のメディア取材をめぐる出来事として二一年六月、北海道旭川市の旭川医科大学に大学トップの人事紛争を取材するため立ち入った北海道新聞の新人記者が大学職員に住居侵入容疑で逮捕され、道警は二二年三月、指示したキャップとともに書類送検。静岡県熱海市で二一年七月にあった大規模土石流災害では、被災状況を撮影のため民家の敷地に立ち入った共同通信のカメラマンが書類送検された》

一般的なルールで権力チェックが役割のジャーナリズムを縛り始めたら、（ジャーナリズムは）すぐ死んじゃうんだと思います。

学生と話をしていても、みんな自分の心の置き所というか立ち位置は権力側なんですよ。むしろ、権力側と一体化したスタンスで接してくるのです。こういう学生にテレビの役割について何を言えばいいのだろうかと悩みます。大学で学生に話をし始めてから二〇年ぐらい経ちますけれども、大きく変わりました。いちばん大きかったのは、学生がすごく保守化したことです。

僕が教えている大学というのが、経済的に裕福な学生が多いということもあると思いますが、とても安定志向ですね。現状肯定、追認、自分に火の粉が降りかからなければ、いまの政治が続いたほうがいいと思っている学生がとても多いです。そうなると、やっぱり、ジャーナリズムの意義とか価値とかって、自分が生きていく上とか自分の周りの人間が生きていく上で必要なものだとは思っていません。だから、その人たちにジャーナリズムや放送の意義や価値を話すのは、すごく難しいです。

## きちんと権力と対峙して

《前述した是枝氏が三本の論考をブログで発表したのは二〇一五年一一月から一六年三月にわたって。いまも放送現場の人間たちにとってものすごく大きな力になっているという。特に三回目の「『歴史修正主義』に抗するために」では、歴史修正主義は安倍・菅政権で非常に特徴的で、論考では放送法改正案の審議をはじめ、過去の国会での答弁も含めた放送法の解釈の変遷を紐解いている。政治的公平などを定めた放送法四条の解釈が歪められた経緯についてもわかりやすく書いている》

ＢＰＯの放送倫理検証委員会の委員を続けながら抱いた危機感を一つの形にしておこうと思いました。放送法四条について政府は電波法七六条による停波の根拠となる法規範であると主張していますが、かつてはＢＰＯと同じように倫理規定との見解を示していました。安倍・菅政権は意図的に誤読しているのか？　ただ読解力がないのか？　それとも「放送なんて俺たちの広報だ。

特にＮＨＫは」としか思ってないのか？

安倍さんは根本的に放送法についてわかっていなかったと思います。例えば、放送法一条にある「不偏不党」という言葉の意味をさかのぼって理解しようという意識がないので、どうしたら自分に都合よく使えるかしか考えなかったのだと思います。本来、そういう人は首相にはなるべきでありませんが、「いくらなんでも」と思っているうちにこんな長期政権になるとは……と多くの人が思っていたのではないでしょうか。

政治家の中にも濃淡があると思います。（同じ派閥「清和会」に所属していた）萩生田氏は、安倍氏に気に入られたいだけで言っていたのではないかと思えますし、高市さんもそうではないでしょうか。そのレベルは実は怖くないなと思っています。本当に怖い人が出てきたときに備えて放送局はちゃんと理論武装をするべきだと思うのです。でも、現実はどうなんですかね。

放送法は本来、番組を守る盾のはずなのに、自民党は矛として使って介入しようとしてきている。これに対して、論理立てて書いたつもりですが、放送の現場の人から「読んですごい手助けになった」という意見は、ずいぶんもらいました。僕の映画への取材でテレビ朝日の「報道ステーション」のスタジオに伺ったときにも「読ませていただきました」と何人もの現場の人たちから言われましたし、ＴＢＳの「報道特集」の方たちもそうでした。でも、そういう人たちがみんな放送から離れてしまったのは残念でした。ただ、その一方で現場では放送法の趣旨を理解していないことにある種の驚きを禁じ得ませんでした。政治家からの反応は直接にはありませんでした。政治家と繋がりがないですし、読んでないと思いますよ。あんな長いもの。

　ＢＰＯというのは抽象的に言えば、権力の介入の防波堤になるというのがいちばんの役割だと思います。ところが現実は、放送局の幹部は自ら進んで権力の下僕になろうとしているところがあると思います。公権力との距離の近さを競うような状況が生じてしまうと、防波堤の意味がないのです。せめて放送局がきちんと権力と対峙して、自分たちの役割を認識していてくれていれば、それがどんなに力が弱くなろうとも、ＢＰＯは防波堤でいる覚悟があるのですけど、その根本的なところの意識が共有されなくなってしまっているのではないでしょうか。

　ＮＨＫ会長だった籾井勝人氏は会長就任の記者会見（一四年一月）で「政府が右と言っているものを左とは言えない」と発言しました。こんなことを言い始めてしまったら、「放送は政府広報なんですね」としか言いようがないじゃないですか。それでは意見書の書きようがないですよね。頑張って意見書を書いてきたつもりですけれども。ただ、全然物足りなくてできなかったです。正直を言えば。もっと書きたかったと思います。例えば、沖縄・辺野古の新基地建設に伴う大浦湾の埋め立ての番組で。サンゴは全部移植したんだというふうに首相が嘘をついたじゃないですか。あの辺ですね。あれをそのまま流したということに関して。

　これもルールなんですけれども、何を放送しなかったのかということについては倫理違反としては問えないのです。これはＢＰＯのスタンスなのです。あくまで放送された番組を事後的に検証するという限定された役割なのです。こういうものを放送するべきだ、というスタンスで放送局に意見を言うのは番組審議会なんですよ。

番組審議会は放送法に明記されている（外部の有識者による）組織で、ＢＰＯより放送局に近いところで権限を持っていて、社長も（会合には）参加されていると思います。ほとんど役に立っていないと思いますけど、番組審議会が機能して、きちんと食い止めたというケースもありました。まだそういう人たちもいるのだなと。多くの番組審議会が形骸化し、ＢＰＯばかりが矢面に立っていますが、本来は番組審議会があり、ＢＰＯがある。放送局の内と外で放送局を鼓舞していく両輪だと思うのです。そういう形を取るべきだと思っています。そこで沖縄の辺野古の埋め立て、サンゴの問題について（ＢＰＯの放送倫理検証委員会でも）議題にしようと考えていましたけれども、賛成多数を得られませんでした。

《ＢＰＯの役割は「政治介入に対する防波堤だ」と是枝氏は言う。本来、放送局は政治を監視する報道を行う役割を果たさなければならず、それを鼓舞するのもＢＰＯの役割ではないか。そうした意見書も出していかないと放送はおかしくなっていくのではないか、と危機感を露わにしている》

そう思ったから放送倫理検証委員会の委員を引き受けましたし、放送局への期待を諦めたら委員なんて引き受けません。本当に面倒くさいんですよ。すごい変な手紙とかも来ますし。でもやっぱり、放送は自分を育ててくれた場所ですし、次の世代の作り手に対する責任があると思いました。やれることをやろうと頑張りました。委員長の川端和治さんもそうだったと思います。（一五年一一月のＮＨＫ出家詐欺番組の「やらせ演出」疑惑に対する）あの意見書は珍しく徒労感のない意見書でした。

番組の作り手である放送事業者には届いたとは思いますけれども、それによって現場が変わったのかと言われると、どうなんでしょうか？　選挙報道に関する質的公平性についても、はっきりと意見書では出しました。しかし結果的には、選挙報道は変わっていないと思います。「それ、選挙前にやれよ」と言うような番組を開票のあとにやっている。ちゃんと事前に論評するべきだというのは言ったのですけれども、意見書一つではなかなか変わらないだろうと思います。

しかし、それは言い続けるしかありません。僕はいま公の立場でＢＰＯには関わっていませんけれど、ＢＰＯとしては言い続けてほしいと思います。

## 2　今でも放送で何かしたい

映画監督として世界的に知られる是枝裕和氏だが、映像作品づくりの出発は、テレビのドキュメンタリーだった。番組制作会社のテレビマンユニオンで放送人としてどのように放送と向き合ってきたのか。早稲田大学総合研究機構の次世代ジャーナリズム・メディア研究所「そうだったのか！　ジャーナリズム研究会」で質問をぶつけた。

### 現場で放送法の理解が低い

――テレビのドキュメンタリーを手がけていた頃、後に歴史修正主義に抗するこのような論考を執筆することになると思っていらっしゃいましたか？　目の前でそのような権力からの介入を感じることはあったのでしょうか。

**是枝裕和氏**　権力というか、そこに忖度した放送局からの介入は何度かありました。例えばフジテレビの深夜枠で「シリーズ憲法」（二〇〇五年）という番組をやったんですけど、いろんなディレクターや制作会社の人が集まって、それぞれ憲法の一つの条文を選んで、それについてのドキュメンタリーを作りました。僕は九条を選びました（シリーズ憲法〜第9条・戦争放棄「忘却」、〇五年五月四日未明放送）。確かちょうど自民党から憲法草案が発表されたタイミングで、シリーズの中にはその草案に否定的な回も当然あって、そのことを局が気にしてかなりもめたんですよね。放送までに。

――憲法シリーズでは、作りたかった内容で放送はできたのでしょうか？

**是枝氏**　僕は当初の予定通り放送しましたけれど。それを放送するためにいろんな手を使って、血が流れているんですよ。あちこちから。あまり自慢もできないんですけど。いまだにその時に一緒に放送局と直談判して、出入り禁止になっている人もいるぐらい結構な大ごとになっちゃったんです。放送法を持ち出したり、番組の編集権と編成権の話をしたり、いろんな形で脅しをかけて「放送させないんだったら記者会見するぞ」っていう圧のかけ方を、今では考えられないことかもしれないですけれども、それをしてようやく放送できました。でも今よりはまだ健全だったと思います、当時は。

――局側に対して、逆に放送法が是枝さんの番組を守る盾になったというケースですね？

**是枝氏**　自分では番組を守るための盾として放送法を使うことはありますけれど、放送局自身がそういう認識を全く持っていないひどいところもあります。逆に聞かれるんですよね。局

是枝裕和監督

のプロデューサーらから「これ大丈夫なんでしょうか。放送法的には？」みたいに。それぐらい放送局の現場では放送法に対する理解は低かった。NHKとかはもう政権批判につながるような危ない題材には言及しない傾向が当時からありました。入局した時の新入社員研修などで放送局は報道機関じゃないから言いたいことが言える場所じゃないみたいなことを言われているんじゃないかと思うのです。権力監視の役割なんて微塵も認識していない。

――制作現場ではむしろ放送法四条の政治的公平や、多角的に論点を明らかにするよう求めた倫理のはずの規定が自由な番組制作の制約になっているということでしょうか？

**是枝氏**　制約というか、単純に危ないからやめておこうという理由になっちゃっているんですよ。「放送法はこう書いてある」って、「四条にはこうある」などと言って。

――実はそういうことはとても大事で、制作会社からすれば、放送局から放送法四条を持ち出されてきたときにどうやって反論したらよいかとか、記者会見もしようというのはなるほどと思いました。現在の放送の現場では「言われたからやめよう」ということが多いと思うのですが、放送するということが大事だと思ってやっているのであれば、言い方は変ですけれどもそういう闘い方もあるのだと感心しました。そのためにしっかりと放送法を勉強するということですね。

**是枝氏**　だって自主制作じゃないですから。自分が作りたいものを作りたい形で放送というパブリックな空間で発表したいのだったなら、闘わないといけない時もあります。無駄な闘いもありますけど。そこでみんな闘いたくないから、局も制作会社も丸めちゃうわけじゃないですか。制作会社も放送局に楯突いてまで、自分の作りたいものを作ろうという人は、次から排除されちゃいますからね。内容的にも権利的にも局に主張する制作会社は煙たがられるだけでした。みんなそうなると、作れる場所がどんどんなくなっていっちゃうんですよ。そういう状況の中で、それでも頑張ろうとしている数少ない人とは連携をして、今でもつながっています。本当に今、大変そう。どんどん民放地上波から深夜に追われて、ＮＨＫＢＳに追われて、みたいな。作る場所がどんどん移ってきちゃっていますよね。それでもみんなテレビが好きだから、やっているんだと思います。

## 自民党の歴史修正主義

――一九九三年に発覚したテレビ朝日の「椿発言」をめぐって、倒錯というか間違った解釈の

是枝裕和監督（左）に質問する「そうだったのか！ジャーナリズム研究会」のメンバー。2021 年 7 月 28 日、東京都渋谷区で

影響がずっと続いていると思います。論考でも触れられていましたが、九三年七月の総選挙で自民党に不利な報道などはなかったにもかかわらず、偏向した報道があったかのように自民党内ではなっています。それで今でもおかしいと自民党は突っ込んできます。産経新聞が一面で報じて、それが日本新聞協会賞（九四年）を受賞しています。日本新聞協会は賞を与えてはいけないのに与えてしまったのかなと思っています。

**是枝氏**　歴史の修正が自民党内で行われているから、それが今も事実みたいになってテレ朝が偏向報道したということになっちゃっていますね。

――本来ならば番組であっても、その番組の中で一部の発言にもし偏りがあったと

しても問題とするべきじゃないと思います。ある放送局がいろんな番組で繰り返し偏向した報道をやっていたというのであれば場合によっては〝処分〟もあり得るでしょう。番組外の一部の発言だけで、自民党が「偏向だ」と針小棒大に批判していることについてどうご覧になっていますか？

**是枝氏**　うーん、姑息だなぁと思いますけど。椿さんの発言自体は非常になんて言ったらいいのかな。不用意だなと思うし、彼は当時の報道局長でしょう。脇が甘すぎる。問題があるとすると、実際に特定の番組が偏向だったという検証結果にならなかったにもかかわらず、自民党がそうではない解釈を持ち出して、いまだにそれを修正しようとしていないということが一つと、もう一つは局自身が別の名目で椿さんを処分したじゃないですか。そういう形でお茶を濁したテレビ朝日の問題と、両方あると思いますよ。

偏向番組というものは放送されていなかったということをきちんと証明したうえで、処分しなければよかったと思います。椿さんはきっと武勇伝で口が滑ったんでしょう。尊敬はしませんけど。別に処分しなければよかったんじゃないですかね。偏向番組を放送したのでないのなら。処分しちゃったから、やっぱり付け込まれたのではないでしょうか。それで何か落ち度があったのではないか、という批判の根拠になっていますから。

――旧郵政省時代を含めて放送局に対する総務省の行政指導は、第一次安倍晋三政権（〇六年九月～〇七年九月）で菅義偉前首相が総務大臣（〇六年九月～〇七年八月）だった時期に集中しています。行政文書として残る八〇年から行われた行政指導はそれまでの三〇件のうち六件も占めました。放送各局は放送法を根拠にした行政指導を受けても、世の中に対して「これはおかしい」ということでアピールしませんし、問題点を報じることもありません。こうした放送局の対応が、行政指導という介入行為には問題がないのだという放送法の運用になっている実態があります。逸脱した行政指導であれば「これはおかしいんだ」というふうに放送局自ら視聴者に問題性を訴えていくことが、放送の信頼性を獲得するうえで重要ではないかと思います。こうした放送局の姿勢はどのようにみてらっしゃいますか？

**是枝氏**　どうみているか？　根本的な話だからなぁ。

――本書の「資料編」に掲載した論考（放送と公権力の関係についての私見）のなかでも独立した行政委員会の必要性についてご提案されていますね。

**是枝氏**　うーむ、その話をすると大変だなぁと思って、どうしようかなぁと思ってしまいます。そこまで遡らないと、何が問題なのかというのが明らかにならないと思うんですよ。

一般の人は多分、車がスピード違反したら道交法違反で罰金を取られるのが当たり前だ。だから放送法に違反した放送局は総務省に取り締まられて、罰則とか罰金を払うほうがいいんじゃないのという発想だと思うんですよね。だけど、一九五〇年に制定された放送法の成り立ちから考えた時に、本来はそういう罰則、要するに、罰を与えられる機関が、実は政府から独立した合議制の電波監理委員会としてあって、権力が放送に介入できないようにしたうえで、そこしか放送局にものが言えないという状況をきちんと作った。

ところが五二年四月にサンフランシスコ講和条約が発効して日本が独立すると吉田茂政権は三カ月後の七月には電波監理委員会を廃止して政府機関である旧郵政省が引き継いでしまうんです。よくこんな立法趣旨に反することを勝手にしたな、と思います。

電波監理委員会は政府が関与できない非政治的な機関だったにもかかわらず、その権限を当時の郵政大臣（現・総務大臣）に与えてしまったという状況のねじれが、根本的に放送の自主自律というものを犯してしまったということだと思います。

電波監理委員会の権限を郵政大臣に移すときに、政府は番組内容には口を出さないんだと、行政は中立なんだということを国会で繰り返し答弁しているんです。大臣は、いわばその政治的ジャッジを番組内容には反映させないのだ、そんな権限はないのだ、と。そういう言質を国会審議できちんと取ったうえで法改正しているにもかかわらず現在は、逆に「それって当たり前でしょ。だって所轄の大臣だよ」ということになってしまっています。

そういう歴史を放送人が学ばなければなりません。今だけ切り取ってみたら、恐らくそうなっちゃう。一般の人がそうなっちゃうのは、放送人の発信の問題もあると思うんです。放送に関わっている人間が「そうではないのだ」ということをちゃんと言わないからだと思います。多くの政治家も同じなんですよ、きっと。勉強してないから、きっとそうなっちゃっているじゃないですか。

それこそ、もっと悪意のある人がたくさんいるのかなと思っていたんだけれど。高市早苗氏にしても、萩生田光一氏にしても勉強不足でそんなにちゃんと知らずに発言していると思います。でもそれがまかり通ってしまったら同じだからねえ。悪意があろうが、勉強不足だろうが、放送局にとってプラスにならないのは変わらないから、せめて放送局側のみんながきちんと、放送に関わる段階で学ぶべきだと思います。

## 撮り続けるために闘った

——放送局自身が勉強不足、教育不足というのは致命的ですね。

**是枝氏**　僕はもう映画畑の人間になってしまっていますけども、映画もそうだし、テレビもそうだけれども、日本はやっぱり専門家がディレクターになるわけではないから。それは世界的に見ると特殊で、ヨーロッパに行くと、映画監督なんて、本当にエリート中のエリートの人しかなれないくらい狭き門で、みんな大学で専門に映画だけじゃなくて、オペラから何からみんな勉強していて、僕なんか全く教養がついていかないですけれども。で、だから面白いものができるかと言ったら、そうとは限らない。そこが面白くもあるのですが。

日本でも今は大学で映画を勉強している若い人たちがすごく増えましたが、僕ぐらいの世代までは映画学科なんてあまりなかったから、多くは大学では勉強せずに映画を撮っているんですよね。そうすると海外に行くと、ヨーロッパでもアメリカでも「なぜ学んでないのに撮れるんだ」って、すごくびっくりされることがあります。その良さと悪さはあると思うんですけども、放送も恐らく欧米はきちんとジャーナリズムだとか、肖像権の問題とか、編集権の問題とか、いろいろ学んだ上で現場に立っている人が多いと思います。日本はそうした教育を受けた人が入るわけではありませんから。

昔、ATP（一般社団法人・全日本テレビ番組製作社連盟）に対して、所属の制作会社の新人を集めて研修をきちんとするべきだという提言をしたことがあります。難しいのは、放送の制作現場では、制作会社で採っている人間よりも、派遣会社で採っている新人のほうが数的には多くなっちゃっているんですよ。テレビの制作現場で働いている人の数も、多くは派遣会社からなんです。そうすると誰もその人たちを教育しようとしないんです。人足になっちゃうんですよ。制作会社の先輩が教えるわけでもない。放送局の人間にとってみても、日雇いに近い状態なんですよ。それで、彼らとしても番組とかそのグループに対しての責任感が芽生えようがないという状況が起きています。

それは派遣が悪いと言っているわけじゃないんです。きちんとノウハウの継承も含めて業界の人材として彼らを組み込めていないというのが大問題で、BPOでやっていて、いちばんレベルの低いトラブルが起きるのって、経験値の低い（放送局の）プロデューサーと、そのプロデューサーの経験値のなさを見抜いているベテランの制作会社のディレクターと、そちゃうですよ。

の人のことを無批判に信じて動くことしかできない派遣のAD（アシスタントディレクター）ということの三層がみんな別々の価値観で動いているんです。そこでとんでもないことが起き

いちばんびっくりしたのは、放送局のプロデューサーはドキュメンタリー番組だと思っていたけれども、制作会社のディレクターはバラエティー番組だと思っていたみたいな。そこすらすり合わせていない。この番組はここまでやってもいいけれども、ここからはやめとこうみたいな話し合いをしていない状況で、局のプロデューサーがMA（マルチ・オーディオ）室に来たって、何一つわからないんですよね。それで派遣の人は、怒られたくないから「こういうのを撮って来い」と言われれば何でもしちゃうし、お金で解決できるものはお金で解決してしまう。でも、おそらくそれはどこの局でも起きています。どこかだけがまずいわけじゃなくて、全体にレベルが落ちているっていうのがこの一〇年で見受けられます。

――大学ではどのような授業をしているのでしょうか？

**是枝氏**　テレビ全般を教えているわけではなくて一九六〇年代のテレビ草創期の作り手たちを一〇人ほど取り上げて、彼らがどのようにテレビを新しいメディアとして捉え、何を作って、どう排除されていったのか、ということを教えています。本気でテレビを面白がっている人たちがいたんだということに、触れるだけでもだいぶ違うと思っています。

映像はやりたいけれども、テレビはちょっとなぁと思っている学生が大半なんです。テレ

ビだと多分、好きなことができないと思っている。テレビって、きっと嫌々やっているんだろうなぁとか。そう思っている学生が結構多いのです。だからそうじゃないよ、そうじゃない人もたくさんいるよ。でもその人たちが撮り続けるためには、闘わなければ、作れなかったんだよということを伝えるということですね。

——具体的にはどなたですか？

**是枝氏**　大体決まっているんですよね、まぁ、みんながみんな負けたわけではないですけど。すごく優秀な人もいましたから、負け続けたわけじゃない。NHKの工藤敏樹さん（代表作に第五福竜丸の保存をめぐる人々の思惑を描いた特集「廃船」、一九六九年）や吉田直哉さん（代表作にドキュメンタリー「日本の素顔」、五七〜六四年）からいつも始めます。

次にNHKのドラマディレクター、佐々木昭一郎さん、そして日本テレビの牛山純一さんや大島渚さんの「ノンフィクション劇場」（六二〜六八年）をやって、TBSは萩元晴彦さん（日本初の独立系テレビ制作会社であるテレビマンユニオンを創立）、さらに今野勉さん（同）。そこ（テレビマンユニオン）は僕の出自でもあります。さらに伊丹十三さん、田原総一朗さんと。最近はTBSの吉永春子さん（代表作に「魔の731部隊」）も取り上げてみたり。あと、映画監督の実相寺昭雄さんもやりますね。ドキュメンタリーだけじゃないので。RKB毎日放送の木村栄文さん（代表作に水俣病の悲劇を描いたドラマ「苦界浄土」、七〇年）も。基本的には六〇年代から七〇年代頭くらいまでに絞って、やっています。

——あえてその人たちが排除されたことに焦点を当てるのですか？

**是枝氏**　なぜ作れなくなるのか。六〇年代にテレビがすごく政治的に圧力をかけられて後退していっているから今と時代が重なるんですよね。テレビマンユニオンの萩元さんらの案件を扱うと、今と同じように放送局に自民党から電話がかかってきて、社長がわざわざのこのこ出かけて行って、ということを五〇年前から繰り返している。

ただ当時は徹底的に批判されているんですよね。なぜ放送局の社長がわざわざ出向くんだっていうのは、局内はそうだし、メディアもそうだし、要するに六〇年代には電波は権力のものじゃないという価値観がまだまだ残っていたんです。「われわれの電波である」という「公共」に対する意識とのせめぎ合いをちゃんと伝えようと思っています。

## テレビの活路、ネットにない

——論考を書かれた当時、いろんな警鐘を鳴らしていただいたと思います。今はどうなんでしょうか？　例えば、首相の記者会見では、一人一問しか質問ができなかったり、会見に参加できる記者もコロナ感染対策を理由に一社一人に制限されたりしています。

**是枝氏**　おかしいと言い続けるしかない。「それは記者会見ではないじゃん」って。「官邸の態度としてどうなのか」って言い続けるしかないじゃないですか。

ＢＰＯの委員だった当時と今とではテレビを見ている距離感が違っているんですよね。愛着が薄れたわけでも何でもないんですけども、物理的に見る時間が減っているのと、特に今、東京オリンピックだから、なんて言ったらいいですか、ナショナリズムとメディアが結託しても誰も批判しないじゃないですか（インタビューは二一年七月に行われた）。このお祭りの期間ってだから僕、嫌いなんですよ。気持ち悪いから。本来、その結託をずっと批判し続けてきたつもりなんだけれども。

放送法にだってメディアと権力が結託した、かつての戦争の過ちを二度と繰り返さないという狙いがあった。権力を批判するスタンスを取るのは、放送法の成り立ちから言って当然だと思います。前身の「社団法人・日本放送協会」がラジオ放送していたＮＨＫは特にそうだと思うのです。戦争中、あれだけ見事に権力と一体化して、あれだけの不幸を生んでおいておきながら、籾井勝人会長自ら「政府が右と言ったら、左と言えない」と言って、どういうつもりなんだと思うんです。でもそれが当たり前になっちゃっているでしょ。

《三井物産副社長を務めた籾井勝人氏は、ＮＨＫ会長に就任した二〇一四年一月二五日の記者会見で、旧日本軍「慰安婦」を取り上げたＥＴＶ２００１「シリーズ戦争をどう裁くか『第二回　問われる戦時性暴力』（二〇〇一年一月三〇日放送）の番組改変問題に絡み、「慰安婦は戦争をしているどこの国にもあった」、国際放送について「政府が右と言うものをＮＨＫが左

新型コロナウイルスの感染が急拡大する中で開催された東京五輪。開会式があった2021年7月23日、会場となった国立競技場（東京都渋谷区）前のモニュメントには記念撮影のため大勢の人が集まっていた

と言うわけにはいかない」。そして一三年一二月に成立した特定秘密保護法について「通っちゃったんだからしかたがない」などと発言し、波紋を広げた。私的利用のハイヤー代をＮＨＫに請求したり、巨額な投資となる土地買収を独断で進めたりするなどして経営委員会から三度も厳重注意された。経営委員会は一期（三年）のみで続投させなかった。「参院総務委員会は二〇一五年と一六年のそれぞれ三月にＮＨＫ予算の承認にあたって「会長の選考について は、今後とも手続の透明性を一層図りつつ、公共放送の会長としてふさわしい資質・能力を兼ね備えた人物が適切に選考されるよう、選考の手続の在り方について検討すること」と付帯決議

した》

　そのことを批判してきたけれども、この間ってなんと言ったらいいんですかね。もう今、東京オリンピックでお祭り騒ぎだから放送局自体がそのことに対して多分、違和感なんか抱かないじゃないですか。気持ち悪いなと思うんですよ。へそまがりだから。余計に見なくなるんですよね。意識的に見なくなるんです。お祭りは楽しむ側はいいかもしれないけれど、メディアの取り上げ方は「お前ら主催者か」という感じがしますね。でも今はね、主催者なんだよね。だから新聞もテレビもいちばん今が矛盾しちゃってるでしょう。コロナで大騒ぎしていたのにさぁ、オリンピックが始まったら。みんなどう思って見ているんだろうなって、どう思って報じているんだろうかなって。矛盾を感じているのでしょうか。

――大半のメディアは思考停止で、矛盾を感じていないかもしれません。

**是枝氏**　止まっちゃうわけでしょ。でも、この祭りが始まって思考停止するって。いい祭りなら許されちゃうけども悪い祭りだった時にはそこは、メディアはもうちょっと節度を持つべきだと思うのです。

――ただ、そんな放送であっても、活動の場はもう放送ではなくてインターネットとか他の媒体でいいや、ってふうには聞こえないんですよね。論考では、「放送愛」という言葉を使っておられましたが、ご自身にとって放送というのはどういう存在ですか?

**是枝氏**　僕個人にとってですか。個人にとって……どういう存在ですかと言うのは難しいですね。

――先ほどそうそうたる作り手を挙げられました。そういう人たちが活躍した放送の、あの時代の空気感というか、放送の自由感というのでしょうか。そして放送は、多くの人たちに届くメディアですし、放送への気持ちというんでしょうか。今後もこういう放送であってほしいということについてはどうですか？

**是枝氏**　いやー、どうかなぁ。僕らの子供時代というか、多分、そのオンエアは録画じゃなくて、一回限りのものとしてワクワクしながら、急いで学校から帰って、見るみたいな原体験がある。そういうものとして放送を捉えているけれど、今の子供たちはそう捉えない。そうすると、ただのコンテンツだからゲームをやるか、ユーチューブなどのネット配信番組を見るか、ドラマを見るかみたいな横並びであって、どれを見ようが、途中で止めようが、関係ないですからね。そういう形の中の放送というものは、配信とかゲームとかと並列でおそらくもう変わらないと思いますよ。でも、それは仕方ないですよね。

だけど、どのぐらいの世代まで、そういう原体験があるのかは分かりませんけど、放送というものの一回性みたいなものにこだわった方たちの、要するにそこには映画とは違って、映画が作家と監督のものであるならば、放送のアイデンティティーはそこにはないのだとか。繰り返しが効かないことがむしろ、テレビのオリジナリティーになり得るのではないかとか。

そういうことにこだわって、それこそテレビができた時の、誕生した時の原初の形というものにこだわって作り手になった人たちの番組を見て育った世代の最後だと思う。そういう人間にとっての放送というのは特別なものだから、他に変えられないんですよ、僕の中では。なので、そこにこだわっています。

ただ、みんなにもそう見てくれとは思わない。本来こういうものだったはずだっていうものは、やっぱり新聞が、テレビが出てきた時に危機に陥った時に、でも消えずにここまで来ているっていうのは、やはり理由があるわけでしょう、多分ね。だとすると、その時にはテレビは蔑まれたわけですよ。

調べていくと、本当にそうであって、新聞にも蔑まれているし、ラジオからも蔑まれているし、映画からも蔑まれながらも生まれたテレビが今こうやって、これを成熟と呼ぶかどうかはともかく、新しいネットメディアが出てきた時に、むしろチャンスだと思っていて、じゃぁテレビって何なんだという、新しいメディアが出てきて、やばいぞってなった時に、やっぱりそこでもう一度立ち返るしかないじゃないですか。その作業をテレビ人がしていないから。

ネットにのみ込まれていくというか、ネットを気にしすぎるっていうか、ネットの価値観に完全に覆われちゃっているんじゃないですか。だけど多分、そこに活路はない気がするんですよね。

## 今でも放送で何かしたい

――今おっしゃった放送というのは、放送の中にも報道とかバラエティーとかありますが、ジャーナリズムのことをおっしゃっているんですか？

**是枝氏**　全部です。全てです。多分、その全てが放送の多面性、多様性みたいなものがいちばん豊かであるということなんじゃないですか。僕はバラエティーにも報道にも関わってはいないんですけれども。だからテレビ人として中途半端なんですよ。第一世代のそれこそ僕が憧れた萩元さんや村木さん、実相寺さんもそうです。ドラマやって、音楽番組やって、スタジオバラエティーをやってみたいな、それを全部経験しているテレビ人の懐の深さっていうか、強さって、それはやっぱり映画監督にはないものだから憧れますね。報道もですけど。

制作会社に入った時点でそこはもう明確に線が引かれていますから。テレビ朝日の「ニュースステーション」（一九八五～二〇〇四年）で初めて外部の制作会社のオフィス・トゥー・ワンが放送局の報道番組というものに関与するようになりました。それまで報道は聖域だったから、外部の人間が一切そこには入りようがなかった。やはりそれを経験している放送人というのは強いと思いますね。

例えば、専門的には勉強していないけれども放送は公共的なもの、公共財であるっていう、それに関与することでの社会参加というのは、放送のいちばんの価値だと僕は思っています。そのことを強みにするしかないと思うんです。ネットで何かを発表するということは微塵にも考えてはいません（注・是枝氏は二〇二三年一月、自身が総合演出、監督、脚本を手掛けたドラマ「舞妓さんちのまかないさん」を「ネットフリックス」で配信）。ただ、いまだに放送で何かをということは考えますね。

――それはドキュメンタリーも含めてですか？

**是枝氏**　はい。今は放送のほうが企画は通らないですけどね。映画のほうがまだ通りやすいですね。

――どうしてでしょうか？

**是枝氏**　危ないと思われているんじゃないでしょうか。いろんな意味で。

――放送にそこまでこだわられるのは、いろんな多様性があるということなのか、やっぱりいわゆる視聴者に届きやすいことなのか、どこの部分をいちばん大事にしたいと思っているからこだわっているんですか？

**是枝氏**　正直言うと、届きやすいか、届けにくいかということはほとんど考えたことはないんです。映画監督って、一本映画を撮れば、死ぬまで映画監督なんですけれども。テレビディレクターって、テレビ人って、多分、今やっていないと名乗っちゃいけない気がしているんですよ。だから僕、いま自分の肩書きから外しているんです。スポーツみたいな感じがするんですよ。それは今野勉さんを見ていてもそうだし、映画出演で交流があった樹木希林さんもそういう感覚があったと思います。今の時代と私というものを切り結んだ時に、何が自分から出てくるのか、それが今の時代に意味があるのか、価値を持つのか、面白がられるのか、ということを試せるのがテレビなんです。

それは反射神経だったり、動体視力だったり、瞬間的に出てくる言葉だったり、というものを、まぁ危険も伴うけれども世にさらすということで、それは良い面も悪い面もあるけれども、今野勉さんは八〇歳を過ぎてもいまだに現役のテレビディレクターだけれども、まぁ軽やかなんですよ、本当に。だからこれを代表作にしようとか、集大成だとか、考えているのかどうか分からないんだけどもとにかく、今作っている面白い番組について現在進行形で延々としゃべっている。それは作り手としてやっぱり見事なんだなぁ。立ち止まらない感じ。ずっと作り続けて、多分そのまま亡くなられていくんだろうなぁ。そういうスポーツ性というのか……。

## 今に向き合っている感

――それは今に向き合っている感ということですか?

**是枝氏**　今に向き合っている感。それですね。テレビに関わるっていうのは、多分、そういうことなんだという認識を恐らく持たれている。

――そこにこだわっていらっしゃるのですね？

**是枝氏**　そう、そう。僕がこだわっているというか、僕はそういうふうにこだわっている人が好き。

　村木良彦さんや萩元晴彦さんらを学生に教えていて面白いなと思うのは、彼らは、テレビは一回限りで消えるものだっていうことがテレビのアイデンティティーで、それが映画とは違う、日付があるんだという発想でテレビを作っているのです。それなのに、自分がその番組を作ったっていうことへのこだわりが人一倍強くて、放送した番組をフィルムで残している。矛盾しているよな、と思うんです。生放送の映像をキネコ（キネスコープ・レコーダー）で変換して、フィルムで保管しているんです。実相寺昭雄さんも、村木さんも、萩元さんも。今野さんはやっていないかもしれません。地方局で再放送があるという嘘の伝票まで勝手に（キー局の）編成に出して、番組をすぐに消されないようにしていたこともありました。そうじゃないと一回の放送で番組のビデオテープは（再利用などのため）消えちゃうのでそれを取っておいている。そこが面白いなあと思って、作り手としての自己矛盾がいいなと思っているんです。

――映画監督は今にこだわらないものなのですか？

**是枝氏**　映画監督とは逆に言うとですね、こだわったものが、作品になるまでにはですね、三年はかかっちゃうんですよ。そうすると、やっぱり早いか遅いかなんですよ。もちろん昔の映画監督は多分、撮って出すまでに三カ月ぐらいで出しちゃっているから。もう少し生っぽいって言うか、時代と切り結ぶ感じがあったかもしれない。もちろんインディーズで小規模で作れば、それも可能かもしれませんが、やっぱりどうしてもちょっと違うんですよね。それはそれで面白さはあるんですけれど。

――三年経ったら古くなってしまうものってありますよね？

**是枝氏**　それもありますし、あー、それ早すぎたなぁというのもあるでしょうし。そこは難しいんじゃないですかね。まぁでも、その難しさと面白さが両方にあると思います。

――映画論になってしまいますが、オリジナリティーみたいなことで言うと、映画で撮られていることを含めて、すべて脚本から監督まで全部ご自身で撮られていますよね。

**是枝氏**　基本は。

――そこは他の人とは違うオリジナリティーにこだわっている部分なのですか？

**是枝氏**　いや、そんなことはないです。テレビをやっていた時に、自分でカメラをやっている時もありましたけども、自分の番組を自分で編集をやって、自分でナレーションを書くのは当然のことだったから。映画を始めた時に、別の編集マンがやるということは、あんな楽しいことを人にさせたくないと。テレビのやり方を踏襲して、やっているだけの話なんです。オリジナリティーとかなんとかと言うのではなくて、そのプロセスを手放したくないというだけです。ただ、最近そのやり方で、自分から出てくるものにやっぱりちょっと飽きてきているので、それで別の脚本家と組んでみようかなとか、原作あるものでやってみようかなとかというふうにはさすがになってきています。ただやっぱり編集は手放せないですね。

——一九九一年に『しかし……福祉切り捨ての時代に』という番組を作られました。その後に『しかし……ある福祉高級官僚　死への軌跡』（九二年、あけび書房、現在は『雲は答えなかった　高級官僚　その生と死』ＰＨＰ文庫）という本も出されました。環境庁（現環境省）の企画調整局長で水俣病認定訴訟をめぐって自殺した官僚を取り上げた作品です。局長は被害者との和解を拒否し続ける国の立場と自身の良心との間で悩み続けたといいます。

**是枝氏**　あの番組は、僕のほぼデビュー作です。もともとは生活保護についての番組を作っていました。その番組制作の途中で山内豊徳さんが自殺したというニュースがあって、彼のキャリアには厚生省（現厚生労働省）社会局保護課長というポストがありました。生活保護に関わっているなと思って興味を持って調べ始めたのです。それで番組の趣旨を変えて、生活保護を打ち切られて死んでしまったホステスさんと山内さんの二人を取り上げるという番組に変えて放送しました。フジテレビの深夜で、四七分ぐらいの番組でした。

亡くなった山内さんの奥さんも取材していました。当時、僕はなぜこの人を取材できるのだろうかとすごく悩んでいたんです。初めて事件的なものを扱っていたからです。そうしたら奥さんから「パブリック」という言葉が出たのです。奥さんは「私にとって夫の死は非常にパーソナル（個人的）なものなのだけれど、彼が取り組んでいた福祉という仕事について考えれば、彼の死というのはパブリック（公共的）な側面があるでしょうから、その部分に関して私が話すことはきっと彼も望むことだと思います」と話してくれました。取材しながらいろいろと勉強させられたんですね。ただ、初めてだったので、どのぐらい取材すると四七分になるのか全く分からなくて、取材したものを全部繋げたら、三時間くらいになっちゃったんです。

それで結局、使える部分が非常に限られちゃった。そうしたら放送を見た出版社から「本にしないか」という連絡が来たので、「あー、じゃあこれは良いきっかけかもしれない」と思って、一年間彼女のところに通って本にしました。僕の取材の原体験であり、出発点です。そこで経験したことがすごくいろんな意味で大きかったと思います。

# 第２章　川端和治・元放送倫理検証委委員長と放送法四条

「権力者に擦り寄るのが大事だという流れが政党から国民まで浸透している」。BPO 放送倫理検証委員会の初代委員長を務めた川端和治弁護士は、政府や政治からの番組介入の歯止めとしての放送法四条の意義を語った＝ 2020 年９月９日、東京都港区で

# 1　放送はどこまで自由か

## 選挙報道の〝不自由〟

「池上無双」と形容される番組がある。

テレビ東京の選挙開票特別番組で、ジャーナリストの池上彰氏が各政党責任者に「忖度のない」鋭い質問をぶつけるインタビューが、視聴者から高く評価されて、こう呼ばれるようになった。

しかし、池上彰氏のインタビューが評判になるのは、他局の番組では「忖度のない」質問が控えられているからなのではないのか。しかも、その池上氏のインタビューも投票が締め切られた後にならなければ放送されない。

池上彰氏は、最近その理由を「結果的にある候補者や政党に不利になる質問や、（相手が）言いたくないようなことをあえて聞くこと」は、投票が締め切られた後だからできるが、「投票前は出ている政党をある程度平等、公平に扱わなければいけない」からだと説明した（池上彰「第6回『池上無双』いつも投票後だったのはなぜ？　テレビが気にする放送法」『朝日新聞デジタル・教科書で学べない政治教室参院選2022』二〇二二年七月五日公開）。

つまり、選挙に関する放送では、各政党や各候補者を平等・公平に扱わなければならないという制度的な制約があり、池上氏のような著名なジャーナリストでさえそれを意識しなければならないというのである。

しかし、選挙は、国民が主権を直接行使できるほとんど唯一の機会であり、民主主義の不可欠な要素である。選挙に関する報道や評論の番組であれば、何の忖度も遠慮もなく各政党の政策を分析し、各候補者の資質や能力を検証するのはむしろ当然なのではないか。たとえ結果的にある候補者や政党が不利になるとしても、その情報が重要であり、事実であるとの裏付けがあるのであれば、投票締め切り前であっても、選挙に関する番組で積極的に伝えられなければならないのではないか。

この主張に対しては、放送法四条一項の番組編集準則に二号として「政治的に公平であること」という規定があり、それに違反することは許認可事業である放送局に重大なリスクをもたらすというという反論がなされるだろう。

現に第二次安倍内閣の高市早苗総務大臣は、一つの番組のみでも極端に政治的公平性を欠いた番組が放送されたときは電波法七六条による停波処分が行われうると国会で答弁している（拙著

『放送の自由――その公共性を問う』岩波新書一一二頁以下）。さらに遡れば、一九九三年にはテレビ朝日の椿貞良取締役報道局長が「非自民党政権が生まれるように報道せよと指示した」と発言したと報道されたことにより、国会に証人として喚問され、テレビ朝日は条件付きの再免許となった事件がある。

この時から政府は、放送法四条一項の番組編集準則違反は電波法による停波処分の対象となりうることを明言するようになっている（同書八六頁以下）。

しかし、放送制度の目的を規定する放送法一条の三号は「放送が健全な民主主義の発達に資するようにすること」と定めている。つまり、健全な民主主義の発達に資することが放送の目的なのである。そうであれば、同じ放送法の四条を、民主主義の根幹である選挙についての放送に対して、重要な法的制約を課している規定と理解するのはおかしいのではないだろうか。

この点を、最近の裁判所の判決例と、国会の審議における政府の答弁から、再検討してみることにしたい。

## 判決で「傾聴に値する」意見

二〇二〇年一一月一二日に奈良地方裁判所は、受信契約者がＮＨＫに対して放送法遵守義務の確認などを求めた事件で、極めて興味深い判示をした（『判例時報』二五一二号七〇頁）。原告らが、

川端和治弁護士

放送倫理・番組向上機構（ＢＰＯ）の放送倫理検証委員会の「２０１６年の選挙をめぐるテレビ放送についての意見」（一七年二月七日・放送倫理検証委員会決定第二五号）の「Ⅳおわりに〜選挙に関する豊かな放送のために」をほぼ全文引用して、ＮＨＫの選挙に関する報道・評論は、このＢＰＯの意見の趣旨を取り入れることがなかったから放送法四条に反し違法であると主張したのに対し、裁判所は原告の主張を斥けながらも、このＢＰＯ意見の「記述内容は、傾聴に値する内容であるということができる」と述べたのである（『判例時報』同号九三頁）。

この事件では、原告らが、ＮＨＫには放送法四条一項に定める基準を遵守した番組を放送する義務があると主張した。裁判所は、それではＮＨＫの編集の自由を著しく制約し、その行使を事実上不可能にするので、放送法四条一項各号に定める「放送内容に関する義務は、放送に対して一般的抽象的に負担する義務ないし基準」であって、個々の受信契約者に放送内容についての法律上の権利を付与したものではないと判断した。したがって、判決の論理構成上、ＢＰＯ意見について裁判所の見解を明らかにする必要は何もなかった。

注目されるのは、ここで原告らにより引用されているBPO放送倫理検証委員会の意見は「選挙に関する報道と評論については、事実に基づくものであるかぎり番組編集の自由があることが公選法で明確に確認されている」として「機械的・形式的平等を追求し有権者に与える印象まで均一にしようとすることは、むしろ、選挙に関する報道と評論に保障された編集の自由を放送局自身が自ら歪め、放棄するに等しい」などと、選挙に関する番組であっても番組編集の自由を充分に発揮して、政党の政策についてのファクトチェックを選挙期間中も行い、候補者や政党にとって不都合な争点が意図的にあいまいにされないよう目を光らせることが重要だなどと勧めるものであることである（同決定第二五号）。

裁判所は、放送法四条一項各号は法的義務であるとしながらも、これは一般的抽象的な規範であり、NHKには編集の自由があるとしている。つまり政治的公平性は遵守しなければいけないが、放送局には編集の自由があるから、具体的に何が政治的に公平なのかを自ら考えて、その考えに従って番組を制作できると判断しているのである。そのことを明確にするために裁判所は、選挙に関する報道と評論について編集の自由を存分に活用するように求めたBPO放送倫理検証委員会の意見に対して、わざわざ「傾聴に値する」という評価を明らかにしたのではないだろうか。

ここで留意すべきなのは、放送法に関する最高裁判所の判例も全てこのような自主自律の法として放送法を解釈していることである（拙著『放送の自由』一三二頁以下）。

## 放送法めぐる総務省の姿勢

二〇二二年六月一日の参議院本会議で「電波法及び放送法の一部を改正する法律」案の審議が行われた際、国民民主党の芳賀道也議員の質問に答えて、金子恭之総務大臣（当時）は次のとおり、放送法は放送事業者の自主自律を基本とする法であると答弁している。

「放送法は、放送の不偏不党、真実及び自律を保障することによって、放送の自由を保障することなどの原則が定められ、その具体的な枠組みとして、放送番組編集の自由を保障しつつ、法に定める番組準則を踏まえ、放送業者が自ら番組基準を定めることを求めるなど、放送事業者の自主自律を基本としています」

金子総務大臣はさらに、放送法四条一項への適合性はまず放送事業者が判断すべきであるとし、「放送番組は放送事業者が自らの責任において編集するものであり、放送法は、放送事業者が自主的、自律的に遵守するものである」と答弁した。

翌六月二日の参議院総務委員会においては、同じく芳賀道也議員の質問に対し、金子総務大臣は「選挙期間中か否かに関わらず、放送事業者は自主自律により放送番組の編集を行っていただくことが基本」と答弁し、さらに政府参考人の吉田博史総務省情報流通行政局長は、次のとおりの答弁を行った。

「総務省におきましては、強制力を持って調査する権限が法律上付与されていません。いずれにいたしましても、放送番組編集の自由を尊重するということは必要でございますので、まずは放送事業者がその自主自律により放送番組準則によった放送をまずは行っていただくことが重要だと考えております」

放送法上、総務省には番組内容の調査権・資料収集権が与えられていないことは条文上明確だが（拙著『放送の自由』一五一頁）、それは、たとえ総務大臣が番組編集準則に違反した番組が放送されたと考えたとしても、それを立証する資料は、放送事業者が任意に提出するなどしなければ入手できないということである。

つまりこの答弁は、一方的に放送法違反を認定して処分まですることはきわめて困難だと認めているに等しいのである。

なお総務省は、この国会でも放送法四条の番組編集準則の法規範性は明言した。しかし同時に、放送事業者の番組編集はその自主自律に委ねられていることを繰り返し強調し、それはたとえ選挙期間中であっても変わらないと答弁したのである。

この放送法改正法案の参議院総務委員会議決には付帯決議がなされているが、その第一一項は「政府は、日本国憲法で保障された表現の自由、放送法に定める放送の自律性を尊重し、放送事業者の番組編集における自主・自律性が保障されるように放送法を運用すること」を求めている。

## メディアの過剰な自己規制

このように、裁判所も、国会も、総務省でさえも、放送法は自主自律の法であり、放送局には番組編集の自由があると強調している。重要なのは、自主的・自律的に番組編集を自由に行うことが認められているということは、その編集の際に行われる政治的な公平性についての判断が、事実上総務省ではなく放送事業者に委ねられているということにならざるを得ないということである。

放送法四条が倫理規範なのか、強制力のある法的規範なのかという争いが重要な意味を持つのは、政治的に公平かどうかを政府が判断する権限を持つのか否かがそれによって決まるからであった。放送について政府がそれを判断するのでは、放送番組では、憲法が保障する言論の自由も、国民の知る権利も政府の許容する範囲にとどめられることになり、民主主義の重要な基盤が失われるということになる。

しかし、そのどちらであるにせよ、放送事業者が自主的・自律的に行う政治的公平性の判断がまず尊重されるというのであれば、むしろ問題の焦点は、放送事業者がその編集権をどこまで自由に、自己規制も忖度もなく行使しているのかということになろう。選挙に関する報道と評論の番組制作現場で、池上氏ですら自己規制しなければならないと考えるような認識が今なお広がっていることには問題があり、これは自由な言論の過剰な萎縮であると批判されてもやむを得ないのではないか。

しかも、電波法七六条の停波処分の対象に放送法違反を加える修正は、放送法四条が定める番組編集準則をＮＨＫのみならず全放送局に適用するという修正案が提案される以前に、それと全く関係のない設備関連の規定を意識して準備されたことが、最近明らかにされている（村上聖一「電波三法　成立直前に盛り込まれた規制強化～番組準則、電波法七六条の修正過程の検証～」『放送研究と調査』二〇二〇年七月号、四八頁）。これによれば、放送法四条違反は電波法七六条による処分の対象ではないという立論が十分可能であることにも留意する必要があろう。

しかし現在もっと憂慮されるのは、このような萎縮と自己規制が、放送のみならず新聞の選挙報道と評論にまで広がっているのではないかということである。選挙の際に公職選挙法の政党要件を満たさない政党は原則として無視され、各政党の政策と各候補者の紹介は横並びで行われ、それがさらに深掘りされて追求されることは投票の締め切りまでは避けられるというのは、放送とほとんど変わるところがない。

朝日新聞の「多事争論」（二二年七月九日朝刊）に谷津憲郎編集委員の「情報空間の多様化　役立ち、公平な選挙報道と報道とは」という記事が掲載された。この記事に「三年前の参院選では、れいわや当時のＮ党が初の議席を得るかもと最終盤で言われていた。どんな選挙運動をし、何が共感されているのか。私自身知りたいと思いつつ、デスクの脳みそに切り替えれば、ある政党だけに投票日目前にスポットライトを当てるのはためらいがあった」という一節がある。

しかし、その報道の結果その政党が有利になり、あるいは不利になるにせよ、それが有権者にとって重要な情報なのであれば、恐れることなく報道するというのがジャーナリズムの基本なのではないか。放送と違い、新聞には放送法のような規制法もなく、そもそも許認可事業でもないのであるから、選挙についても、もっと自由な報道と評論がなされるべきではないのか。

## 肝心な情報が得られない

現実はそうではなく、選挙にも関わるきわめて重要な情報についてさえ、警察発表どおりの表現に各新聞社・各放送局が足並みを揃えるという現象が、また再現された。

安倍晋三元首相の選挙応援演説中の殺害事件で、警察は、容疑者は「特定の宗教団体」に家庭を破壊されたので関係がある安倍元首相を狙ったと供述していると発表した。その「特定の宗教団体」が「(旧)統一教会」であることは、容疑者の周辺取材で簡単に判明していたと思われる。犯行の動機の自供内容であるから、公共の利害に関する事実であり（刑法二三〇条の二第二項）、容疑者が家庭を破壊されたと指弾しているのは「(旧)統一教会」であると報道することには公益性があった。しかしどの新聞社も放送局も、投票終了後に「(旧)統一教会」が記者会見を開いて自ら明らかにするまで、そのことを報じることはなかった。そのためこの事件は、むしろ言論の自由に対するテロ事件として扱われ、その結果、政権与党に対する同情票を生んだと推測されている。

今、放送は、選挙に関する報道と評論でも、全く自由なネットとの競争に敗れつつあるように見える。しかしそれは放送法による規制があるからなのではない。選挙に関する放送が、肝心な情報が得られない、平板で興味を引かないものになっているからなのである。そしてそれは、クレームのつかない無難な放送を良しとして、放送法が問題にしていない、あるいは問題にするはずがない報道と評論の自由を、自ら、忖度と自己規制によって萎縮させていることにこそ原因があると考えるべきである。

しかもこの忖度と自己規制による萎縮は、マスメディア全体に広がっているように見える。そのことこそ、民主主義の将来にとっての真の危機なのではあるまいか。

【追記】

本稿は、『放送レポート二九九号』（二〇二二年一一月）に掲載されたものであるが、冒頭部分で、一つの番組のみでも極端に政治的公平を欠いた放送は放送法四条違反になるという二〇一五年五月の高市総務大臣（当時）の国会答弁を紹介した。これはそれまでの政府解釈の重要な変更であったが、そのとき政府部内でどのようなことが行われていたのかを詳細に記した総務省内部の行政文書が二〇二三年三月に暴露された。この行政文書によれば、政府解釈の変更を、裏で推し進めていたのは礒崎陽輔総理補佐官であり、総務省の放送行政担当者及び山田真貴子総理秘書官はそれに抵抗したものの、結局、安倍首相（当時）の積極的な姿勢に押し切られたというのである。そこで、この行政文書に書かれている解釈変更の経緯に依拠して、その意味を本稿に「追記」として付加することとしたい。

礒崎総理補佐官が強引に解釈変更を推し進めた真意は、「けしからん番組は取り締まるスタンスを示す必要があるだろう」（二〇一五年三月五日）という発言によく現れている。ここには、政府の政策を批判する番組は「けしからん番組」だという政権中枢の本音が見えている。それに反対して、「礒崎補佐官はそれを狙っているんだろうが、どこのメディアも萎縮するだろう。言論弾圧ではないか。」と牽制しようとした山田総理秘書官にしても、「総理はよくテレビに取り上げてもらっており、せっかく上手くいっているものを民主党が岡田代表の出演時間が足りない等と言い出したら困る。」と述べている（二〇一五年二月一八日）ことからわかるように、守ろうとしたのは言論の自由ではなく、放送番組での扱いにおいて事実上実現している政府の優越的地位だった。

総務省の官僚は従来からの政府解釈を守ろうとしたが、礒崎総理補佐官から「俺の顔をつぶすようなことになればただじゃあ済まないぞ。首が飛ぶぞ。」とまで言われて（二〇一五年二月二四日）屈服した。この解釈変更は放送番組に対する政府の介入をより容易にする効果を持つものだったから、官僚の抵抗は放送の自由をさらに萎縮させないようにしようとしたものであったと評価できる。

礒崎総理補佐官が求めた「極端な場合」についての具体例の明示は、一九六四年四月二八日の参議院逓信委員会における電波管理局長の答弁が、「極端な場合を除きまして」一番組だけで政治的公平を求める放送法四条に違反すると判断するのは慎重でなければならない、と「極端な場合」を例外として言及したことを論拠とするものであった。しかし、政府が放送法四条の番組編集準則は法規範でありその違反は電波法七六条の停波処分の対象となると明言するようになったのは、一九九三年の「椿発言問題」以降のことであり（「椿発言問題」については前掲拙著『放送の自由』八六頁、一一二頁参照）、それ以前は、放送法四条は放送局が自主的・自律的に判断して遵守すべきものとされていた。つまりこの国会審議の議論は、政府が極端な場合にあたると判断しても放送局に対して行政処分ができるわけではないということを前提としたやりとりであったので、そもそもこの国会答弁の存在を政府見解変更の論拠となる先例として引用すること自体が間違いなのである。しかし総務省が礒崎総理補佐官に対してそのような指摘をした形跡は見当たらない。

総務省は、高市総務大臣答弁の約一年後の二〇一六年二月一二日に「政治的公平の解釈について（政府統一見解）」を公表した。そこで総務省は、政治的公平については一つの番組ではなく、放送事業者の「番組全体を見て判断する」という従来からの政府解釈には何ら変更はなく、「番組全体」は「一つ一つの番組の集合体」であるから、高市総務大臣の国会における「一つの番組のみでも」「極端な場合においては」政治的に公平であるとは認められないとの答弁は「これまでの解釈を補充的に説明し、より明確にしたもの」であるとした。しかし、高市総務大臣答弁が従来の政府解釈に極めて重要な例外を付加し、停波処分の可能性を拡大したものであることはその文言上明白であり、現に本稿で指摘したとおり放送番組制作の現場を萎縮させる効果をもたらしている。

ただ、総務省はこの政府統一見解の末尾に、高市総務大臣の国会答弁にはなかった「なお、放送番組は放送事業者が自らの責任において編集するものであり、放送事業者が、自主的、自律的に放送法を遵守していただくものと理解している。」という一文を付加している。これは、高市総務大臣の答弁が番組内容の過剰な萎縮をもたらすのではないかという恐れを持っていたために、そこに配慮したことによるのではないかと推測できる。

そしてこの付加文は、本稿で紹介した、放送事業者の番組編集がその自主自律に委ねられていることを強調する二〇二二年の参議院における一連の総務省答弁につながっていると考えられるのである。

さらに、二〇二三年三月一七日の参議院外交防衛委員会において、山碕良志大臣官房審議官は、小西洋之議員の質問に対して、はじめはこの政府統一見解をそのまま述べるに等しい答弁を繰返していたが、小西議員の「番組全体としてバランスの取れたものであるかというふうにして判断する、そういうやり方ではなく、一つの番組のみの判断によって政治的公平判断できるという法理を明示した、あるいはそういう法理を述べている国会答弁も政府見解も一つもないということでよろしいですね。」という追及に対して、「見解における（中略）解釈、考え方は、ご指摘のとおり、今日に至るまで何ら変更していない」と答弁し、さらに「平成二八年三月三一日の参議院総務委員会において（中略）一つの番組のみの判断で業務停止命令がなされることはないということでよろしいですよねという質問があり、高市総務大臣は、それは一〇〇％ございませんと答弁されている」「これは総務省としての答弁だ」と述べている。

つまり、本稿冒頭で指摘した二〇一五年の高市総務大臣の答弁は、まず二〇一六年の政府統一見解により、従来の政府解釈を補充して明確にしたもので解釈の変更でないと強弁されたあと、「一つの番組ではなく、一つ一つの番組の集合体である番組全体を見て、バランスが取れたものであるかどうかを判断する」というのが政府解釈であると明確に答弁されたことによって、二〇二三年に完全に葬り去られたのである。これは、礒崎総理補佐官の強引な解釈変更要求に一時は屈した総務省がようやく反撃に成功したということを意味すると言えるであろう。その反撃の原動力は、官僚の本性とも言える強固な先例至上主義にあると言えるのかもしれないが、終戦直後に放送法策定に携わった官僚の「放送番組に政府が干渉すると放送が政府の御用機関になり国民の思想の自由な発展を阻害し戦争中のような恐るべき結果を生ずる。」（一九四八年逓信省『放送法質疑応答録案』）という痛切な反省と悔恨が、まだかろうじて総務省の官僚に受け継がれ、政府の放送に対する干渉権限の拡大を押し留める力となったものと考えたい。

結局問題は、本稿で指摘したとおり、放送番組制作の側が、視聴者の知る権利に奉仕するために政府には極端だと思われるような番組であっても敢えて作るという姿勢を取り得ているのかどうかであろう。この総務省の内部文書が暴露されたときに、ＮＨＫは、従前から一つの番組内でも政治的バランスをとるように配慮しているとコメントしたが、そのような配慮は、政党の政策や候補者に重要な問題があるときにそれを徹底的に追及して国民に知らしめる尖った番組の制作を困難にするのではあるまいか。

# 2　川端・元放送倫理検証委委員長に聞く
## ——「優先すべきは公正な選挙報道だ」

菅義偉前首相が第一次安倍政権で総務大臣だった二〇〇七年五月、放送界は放送倫理・番組向上機構（ＢＰＯ）の中に放送倫理検証委員会を発足させた。初代委員長に就いた川端和治弁護士が在任した一八年三月までの一一年間は、安倍晋三元首相が二度にわたって政権を握り、メディアへの統制を強めた時期と重なる。憲政史上、最長政権を築けた背景には六回あった国政選挙での強さがあったとされ、安倍政権は選挙前にたびたび「公平・公正」を求める要請を報道各社に行ってきた。川端氏の目にはどのように映っていたのか。早稲田大学総合研究機構の次世代ジャーナリズム・メディア研究所「そうだったのか！ジャーナリズム研究会」で話を聞いた（二〇二〇年九月九日）。

――放送倫理検証委員会は一七年二月、前年の参議院議員選挙（七月）や東京都知事選挙（同）の番組に関連して「放送の結果、政党や候補者の印象が同程度になるようなことは求められていない」などとする「意見」を公表し、そのなかで示した「実質的な公平性」という考えが注目されました。

「パンケーキ好き」が自民党の総裁選で話題となった菅義偉前首相。首相就任後に日本学術会議が推薦した６人の新会員候補を任命拒否した問題では記者会見での説明に応じない一方、自らが内閣記者会に呼び掛けた、パンケーキで有名な東京都内のレストラン「Eggs'n Things 原宿店」での記者懇談会に向かった（右から２人目）＝2020 年 10 月 3 日

**川端氏**　選挙に関する報道があまりに低調で選挙民の役に立たない内容になっているのではないかという意識が委員にありました。放送現場の担当者と意見交換すると、ストップウォッチで時間を計って各候補を取り上げる時間をきちっと揃えたと言うのです。政策の中身については追求しない、候補には同じ質問しかしない、それが選挙報道の公平性だ――とか。しかし、公職選挙法は、放送法を守る限り選挙報道の自由を認めています。《公職選挙法一五一条の三　選挙に関する報道又は評論について放送法の規定に従い放送番組を編集する自由を妨げるものではない》

放送法四条は、四項目の番組編集準則を挙げています。その一つに「政治的に公平であること」がありますが、編集の自由があるのですから、量的な公平性だけにこだわり、質的な公平性をないがしろにするのは間違いです。

## 形式的公平性にこだわるな

――「公平・公正」とひとくくりにされ、それぞれの言葉の吟味が不十分ななかで、著書『放送の自由――その公共性を問う』（岩波新書）では、ＮＨＫの基準を引用し「公正に判断すればより小さく扱われるべき意見を形式的に平等に扱うことは求められていない」とも指摘されました。

川端和治弁護士（右）に質問する「そうだったのか！ジャーナリズム研究会」のメンバーら

**川端氏**　ＮＨＫや民放連の放送基準をていねいに読めば、公正こそが求める価値であると書いてあると理解できます。少なくとも公平の方が優先するとは書いてありません。放送が視聴者にとって意味があるのは、その判断に役に立つ情報があるかどうかです。ある政策について実施したらどういう結果が予測されるのか。政策のうたい文句は良いけれども、実際には大変なことになりそうだということであったら、それを知らせなければ放送の意味はないと思うのです。その政策を選挙のスローガンにしている政党は怒って、公平ではない、と言うでしょう。しかし、腹を決めて放送するのが報道機関としての役割だと思います。

——著書で「実質的公平性は、国民の知る

権利にはよりよく作用するであろうが、放送局が独立した判断を行うだけの力を持っていなければ、逆に不平等な結果を招く恐れがある」と警鐘を鳴らされています。

**川端氏**　一九年の参議院選について言えば、（四億円以上の献金を集めたことや、筋萎縮性側索硬化症・ALSの難病患者を擁立するなどしてネットで注目を集めていた）れいわ新選組をテレビ各局が横並びで無視したというのは、おかしいと思います。政党要件を満たさないという形式的な判断を優先し、あれだけの新しい現象が起こっている事態を一切、テレビで流さなかったのは、メディアの自殺ではないかとさえ思います。独立した判断をした局が一つもなかったのは残念です。

## アベスガ政権の露骨なメディア統制

――二〇一四年一二月の衆議院議員選挙の前月、自民党は「選挙時期における報道の公平中立ならびに公正の確保についてのお願い」との文書を在京民放キー局に出しましたし、二〇年九月の党総裁選でも前回（一八年）に続き報道各社に「平等・公平」を求めました。

**川端氏**　放送法三条は番組内容について「法律に定める権限に基づく場合でなければ、何人からも干渉され、又は規律されることがない」と定めています。自民党には放送に干渉する法的権限がありませんから、非常に問題があります。しかも総裁に選任された菅首相（当時）

はもともとメディア統制に熱心で、第一次安倍内閣で総務大臣を務めた時には、関西テレビの捏造放送に対して、再発時の制裁予告付きの「警告」という行政指導をしたばかりではなく、再発防止計画の提出命令という行政処分を可能にする放送法改正案を国会に提出しました。

――安倍首相から菅首相に代わったからといって「希望が持てる状況」ではないということですね。

**川端氏**　官僚人事に介入して、各省を抑えるなどのやり方を継続するというのですから。もっと嫌なのは、それを良いことのようにとらえている世論の動向を感じることです。権力者に擦り寄るのが大事だという流れが政党から国民まで浸透している中、メディアだけ独立して考えるのは無理かもしれませんが、総裁選報道を見る限り、人柄とか出自とかパンケーキとかいろいろなことを取り上げますけれども、三人の候補の過去の実績や、今唱えている政策の本当の意味での是非を真面目に比較している報道は見られませんでした。

## 四条を盾に政治介入は防げる

――国連人権理事会の特別報告者であるデビッド・ケイ氏は来日調査したうえで、放送が政治の介入を受ける恐れがあるとして一七年に放送法四条の削除を求める報告書を提出しました。

しかし、当時の放送界の反応は鈍く、一八年三月に安倍政権の主要政策について有識者らが議論する「規制改革推進会議」で四条撤廃論が浮上すると、民放や新聞は撤廃反対の論陣を張り、安倍官邸もあっさりと撤回しました。

**川端氏**　ケイ氏の四条削除論と安倍官邸の撤廃論は同一に論じられません。私にとって安倍官邸の四条撤廃論は、メディア支配を完了したと安倍官邸は総括したのか、という驚きでした。本当に自由な放送ができて、表現の自由が広く深く実践され、国民の知る権利がもっと充足されるという結果が展望できるなら撤廃すべきでしょう。

しかし、政治的公平という四条の縛りがなくなれば、放送局はより一層、政権の意図の付度に走るだろうとしか思えない現実があるのです。そうすると、四条を盾にして政府や政治家の不当な介入を防ぐことも可能な今の放送制度は、わずかではありますが、放送の自由を守る側にも作用しているという逆説があるのです。ケイ氏は日本で多数のジャーナリストと面談し、政府が放送法と電波法による権限を直接行使していることが、放送内容を萎縮させている原因なのではないかと考えました。そこで独立行政委員会に放送・電波行政を委ねることが無理ならば、せめて放送法四条は削除するべきだと提言したのです。米国は連邦通信委員会（FCC）という独立行政委員会が放送行政を担っていて、政府ではなくこの委員会がフェアネス・ドクトリン（公平原則）を廃止していました。

――放送ジャーナリズムはどのようにすべきでしょうか。

**川端氏**　どんな制度であれ最後は、自律的にやっていける力、意欲、決意が放送局側にあるかという問題だと思います。真実を伝えることに情熱を持ったジャーナリストがどれだけ放送局に存在するかということ。そしてそのジャーナリストがどれだけ高い能力を持っているかということにかかっていると思います。

# 第３章　広瀬道貞・元民放連会長が明かす放送倫理検証委をつくったわけ

「（総務大臣が放送局に行政処分できるようにする放送法改正案をめぐって）総務省とやりあってどっちが勝ったかと言うと、引き分けかなと思っています」。広瀬道貞・元日本民間放送連盟会長はそう語る＝2022年8月25日、東京都千代田区で

放送界の第三者機関である放送倫理・番組向上機構（BPO）の放送倫理検証委員会は二〇〇七年五月に発足した。そのきっかけはフジテレビ系列の関西テレビの情報バラエティー番組「発掘！あるある大事典Ⅱ」の捏造問題だった。日本では放送番組について行政処分（不利益処分）を行った事例はないなかで、菅義偉総務大臣（当時、前首相）が放送番組についての行政処分を可能にする放送法の改正に乗り出した時だ。

放送倫理検証委員会の設立を主導した日本民間放送連盟（民放連）会長だった広瀬道貞氏（当時はテレビ朝日会長）に、総務省による行政指導が乱発された当時の放送界について振り返ってもらった。

（インタビューは二〇二二年八月二五日）

## きっかけは「あるある」問題

関西テレビの「あるある大事典」問題が起きたときに民放連の会長だったこともあって、その後始末を含めて放送業界のためにいちばん良い道は何かということについて考えつつ、実際にはどんな経緯があったのかを最初にお話ししたいと思います。

問題となった番組は、二〇〇七年一月に放送されました。これは納豆を食べると体重が減ってくる、痩せることができるということをいかにも本当らしく放送したものでした。実際にあったのかわかりませんけれども、被害としてコンビニエンスストアで納豆が売り切れてなくなったと

放送法改正案をめぐる新聞報道。広瀬道貞・民放連会長は法案の審議入りを前に臺宏士（当時は毎日新聞記者）のインタビューに応じ「（菅義偉総務大臣が『BPOが機能している間は権限を行使しない』と言っているが）大臣が代われば、解釈が変わることもあり得る。抜かずの宝刀ならば、何らかの形で法案に明記すべきだ。言葉だけでは到底、受け入れられない」「国会審議に参考人として呼ばれれば、法案に反対の意見を述べたいと思う」と語っていた＝毎日新聞2007年5月21日朝刊

か、実害があったように新聞で派手に報じられています。それで大きな事件になっていったと思うんです。

## 四カ月で五件の行政指導

時代背景としては、二一世紀に入ると、全国の新聞社の総売上高に民放の広告収入が追いつき、そして逆転していく時期であったこと。現在、地上波テレビ局は全国で一二七局ありますが、放送局が増えた分、放送の影響力が新聞よりもずっと大きくなっていくのは当然だったと思います。そして、放送局のなかでも親局（キー局）

の広告収入は、視聴率さえ上がっていけば増えていく時代であったということも頭に入れていただければと思います。新聞社はそれに反感を抱いていたかもしれませんが、テレビ番組の事故はいつも大きく報じられました。

新聞が書けば、総務省は放送局に対して行政指導がしやすくなる。憲法上の問題があるのに、当たり前のように指導を発出しました。民放連の資料によりますと、二〇〇四年度五件、〇五年度二件、〇六年度八件です。〇七年について言うならば、一月に事件が起きたわけですけれども、通常国会が始まり、放送法改正案が国会提出された四月までの四カ月の間に、菅大臣は、自分の存在感を示すかのように「あるある」を含めて五件もの行政指導を行っています。

## 表現の自由は公益のため

放送についてではないのですが、省庁の行政指導は、経済産業省でも農林水産省でも国土交通省でもしょっちゅうあります。しかし、法律に書かれていないことについての行政指導がどうして横行するのだろうか。私は朝日新聞社からテレビ朝日に移りましたが、新聞記者時代に、これは世の中に問うべきテーマではないのか、日本の官僚の出すぎということに関心がありました。

総務省では長い間、民間放送局やＮＨＫへの対応について、さまざまな意見がありました。「あ

る ある」問題に対して省内の硬派は放送法改正の好機と考えました。番組が世間で問題視されるたびに総務省は行政指導で対応してきたが、改善が見られない。虚偽の説明により事実でない事項を事実と誤解させるような事例に対しては、行政指導では甘すぎる。行政処分として放送局に再発防止計画の提出を求め、場合によっては電波法にあるような電波停止処分を科すことができるように改めるべきだ――そういう意見です。菅大臣も同じ考えであったようで、国会の会期中に改正を実現すべく、作業を急ぐことになります。

菅義偉総務大臣は記者会見で、石川晃夫・旧郵政省電波監理局長が衆議院逓信委員会で「（郵政省は）番組の内部に立ち至ることはできない。放送法違反という理由で行政処分をすることは事実上不可能だ」（1977年4月）と答弁したことについて「局長答弁に拘束されないということなのか」との質問に対し、「それはそう思う」と述べた＝2007年4月13日、国会内で

私自身は、憲法二一条が表現の自由を保障するなかでできた現行放送法（の基本的な考え方）が最上と考えてきました。そこにはご承知の通り、三条で「放送番組は、法律に定める権限に基づく場合でなければ、何人からも干渉され、又は規律されることがない」と明記されています。憲法二一条は表現者の自由を守るだけでなく、社会全体のいわば公益のためにあるのだから、表現者が勝手に

それを放棄することも許されない、と私は感じています。

## 清水英夫氏に相談

二〇〇七年四月に、民放連は関西テレビを除名します（翌〇八年四月に条件付きで再加入し、同一〇月に完全復帰した）。民放連と総務省との交渉事となっていったのですが、民放連幹部が相談にのっていただいたのは、当時のＢＰＯ理事長だった清水英夫・青山学院大学名誉教授です。「あるある」問題をめぐって、清水さんは「今後放送界全体として、強く反省自戒し、公権力の介入を招くことなく、放送への信頼回復等に一層努めるよう切望する」との理事長声明を一月に出しています。

清水さんの考えは非常にはっきりしていました。総務省には本来、行政処分をする権限はないんだと言うのです。終戦直後の一九五〇年に放送法が成立したときは吉田茂内閣で、放送法、電波法、電波監理委員会設置法の電波三法がありました。三法を所管する独立行政委員会の電波監理委員会は、五二年に日本が連合国による占領から独立すると廃止されてしまいます。（清水さんからは）「あるある」問題のような事態を迎えて、法律を施行する行政と、放送事業者との間にもう一度、独立の委員会を設けたらどうか、という提案をお聞きしました。

これが、放送倫理検証委員会として結実します。倫理検証とは聞きなれない言葉ですが、法律

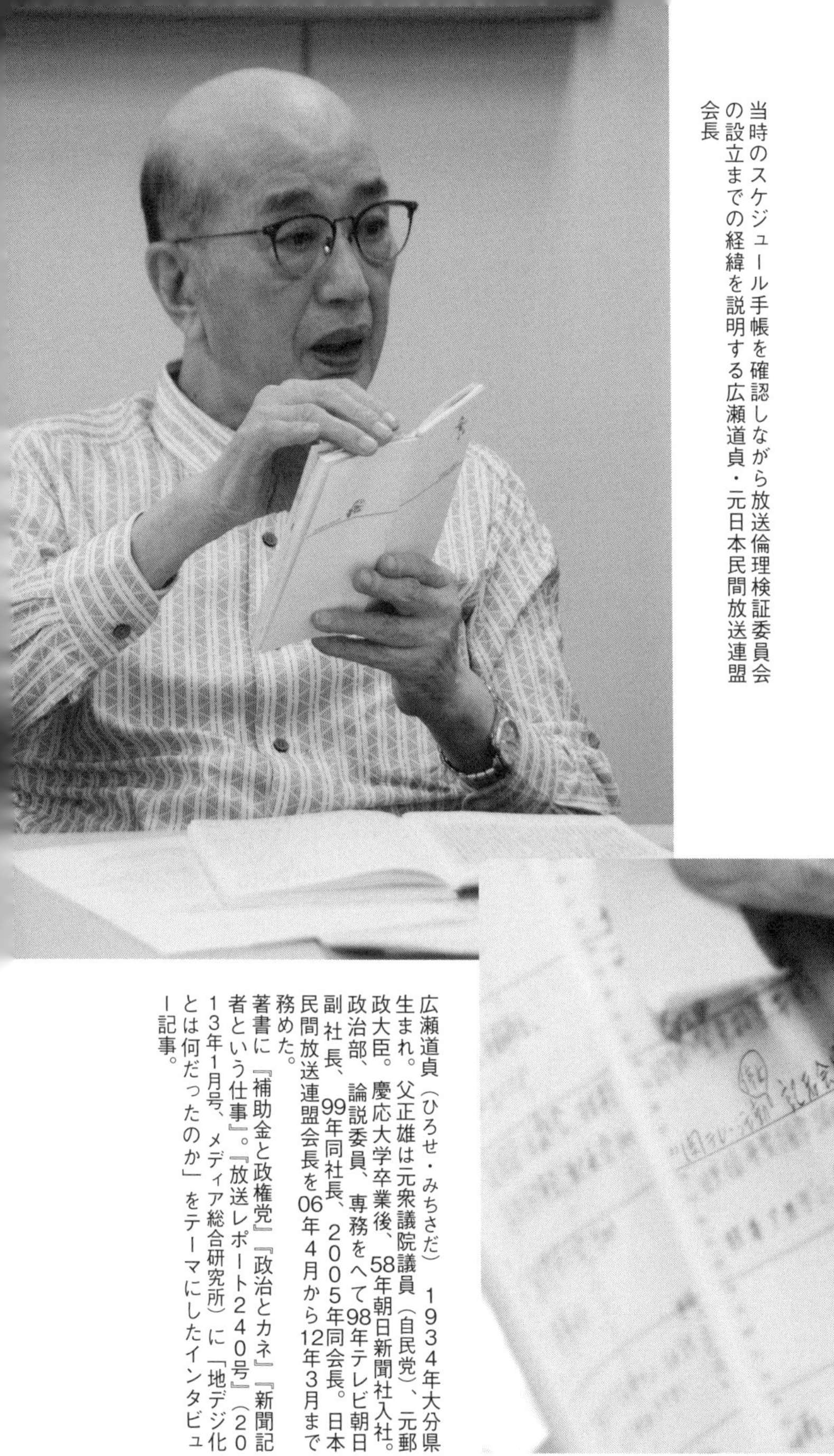

当時のスケジュール手帳を確認しながら放送倫理検証委員会の設立までの経緯を説明する広瀬道貞・元日本民間放送連盟会長

広瀬道貞（ひろせ・みちさだ）　1934年大分県生まれ。父正雄は元衆議院議員（自民党）、元郵政大臣。慶応大学卒業後、58年朝日新聞社入社。政治部、論説委員、専務をへて98年テレビ朝日副社長、99年同社長、2005年同会長。日本民間放送連盟会長を06年4月から12年3月まで務めた。

著書に『補助金と政権党』『政治とカネ』『新聞記者という仕事』。『放送レポート240号』（2013年1月号、メディア総合研究所）に「地デジ化とは何だったのか」をテーマにしたインタビュー記事。

には細かく書き込めない部分がたくさんある。その部分を法律家は「倫理」と言うんですと清水先生に教わりました。

例えば、選挙報道の公平がメディアには求められます。その公平は露出時間の同一のことか、党首討論に大小によらず全員参加させるということか。時と場合によるので法令には書き込めない。役所も放送事業者も自分で判断することになるが、これが倫理であり、最後に判断の妥当性を探るのが第三者で構成する倫理検証委員会の仕事となる。放送局側も倫理検証委の判断は素直に受け入れ、実行する覚悟を持ってもらわねばなりません、と念を押されました。

改正案の提出は四月。その後、清水先生に相談。すでに「春深まり」の時期でした。国会の会期末が近づくと、放送法改正をめぐる与野党の動きが活発になりました。当時の手帳を見てみると、関西テレビが事件を起こしたということで、(当時の)フジテレビの日枝久会長が改正阻止のため放送族の国会議員に働きかけていましたし、TBSの井上弘社長は「総務省に譲っていくと、番組制作は萎縮してしまって、これはかえって放送の公益性に反することになっていくのではないか。それをどう防ぐか」と心配していました。

日本テレビの氏家齊一郎・取締役会議長は、自民党との交渉力には定評があり、菅大臣とも、サシで話し合った様子でした。

## 勝負は引き分け

私が菅大臣と、最後に会ったのは二〇〇七年五月一七日で、場所は赤坂プリンスホテルでした。菅大臣は「行政処分はしませんよ」ということは一切言いませんでしたね。ただ、BPOがちゃんとやってくれている間には、行政処分条項は発動できませんよね、という口調ではありました。我々は条項の削除を求めましたけども、それもいい返事はありませんでした。

菅大臣は同年五月二二日の衆議院本会議で放送法改正案の趣旨説明を行い、「日本放送協会及び民間放送事業者が自主的にBPOの機能強化による番組問題再発防止への取り組みを開始したことにかんがみ、BPOによる取り組みが機能していると認められる間は、再発防止計画の提出の求めに係る規定を適用しないことといたします」と述べています。

国会でよくやっていただいたのは、公明党だと思います。これはやっぱり戦前の創価学会に対する弾圧等を体験しているからでしょう。ある幹部は公明党が与党の一角を占めていることもあって「私たちが守ります」とは言わなかったけれども、ちゃんと我々も考えていると含みのある言葉では言っていました。

総務省とやりあってどっちが勝ったかと言うと、引き分けかなと思っています。引き分けと言うのは、政府はそのとき、BPOが機能しているときは適用しないと言いましたが、憲法がそれを許さないからとは、考えていません。いつでも伝家の宝刀を抜く構えだったからです。

番組問題は、私が民放連の会長を退くまで、つまり一二年三月末までの約六年間で放送局に対する行政指導は一年目は多かったのですが、その後の五年間については三件と少なかったのではないかと思います。その後を見ると、NHKへの干渉だとか、政府の出方が複雑になってきていますが、BPO問題については先ほど述べたように民放もいいことを学んだと思ってます。

第一次安倍内閣は一年ですぐに終わってしまっているようにそんなに強くなくて、安倍さんがNHKに対して警戒心を表明するようになったのも、第二次安倍内閣になってからではないかと思います。

菅さんはよくわかりませんが、新型コロナウイルスの感染拡大の問題がなくて、菅内閣が続いていけば、もっと放送に踏み込んでいったかもしれない。あるいは総理大臣になって寛容になったかもしれないし、その辺はわかりません。

最後になりますが、若干の何らかのブレーキがないと放送の公平が保障されることにはならないから、放送倫理検証委員会をつくったのは良かったし、清水先生はじめ人格者がいて本当に助かったと思います。

この方たち（放送倫理検証委員）の判断は、誰が見てももっともで、説得力があり納得できるものです。「放送倫理検証委員会の決定のここがおかしい」ということが政界から来たことは、私が会長だったときには一度もなかったし、感謝するところは大きいです。

## 事実ではなかった「椿発言」

放送倫理・番組向上機構（BPO）の前身組織となった「放送と人権等権利に関する委員会機構」（BRO）をNHKと民放が一九九七年五月に設けるきっかけとなった荒唐無稽な問題について触れたいと思います。それは、私が九八年にテレビ朝日に入社（副社長）する前に起きた「椿発言問題」「椿事件」などと呼ばれる出来事です。

九三年七月の衆議院選で自民党は過半数割れの敗北を喫し、非自民党の細川護熙政権が誕生しました。日本民間放送連盟（民放連）の「第六回放送番組調査会」（九三年九月二一日）で「政治とテレビ」をテーマに講師として招かれたテレビ朝日報道局長だった故・椿貞良氏（二〇一五年一二月死去）は「今は自民党政権の存続を絶対に阻止してなんでもよいから反自民の連立政権を成立させる手助けになるような報道をしようではないかというような、――指示ではもちろんないんです、――そういうような考え方を報道部の政経のデスクとか編集担当者とも話しまして、そういうような形で私どもの報道はまとめていたわけなんです」などと発言しました。

放送法四条は放送番組の編集に当たって「政治的に公平であること」とし、公職選挙法一五一条の三は「虚偽の事項を放送し又は事実をゆがめて放送する等表現の自由を濫用して選挙の公正を害してはならない」と規定しています。椿氏の発言は内から見ても外から見ても大変な発言です。速記用の録音テープもあったようで、新聞で大きく報道されました。

テレビ朝日は社内に「報道局長発言問題特別調査委員会」を設け、関係者を調べました。その結果、椿氏が局員、部長らにそんなことを言った事実は全くなかった。言葉には出さないけれども、椿氏のそういう意を受けて、自民党に対して冷たく、野党に対しては頑張るように具体的に何かを指示したという事実も全くないことがわかったのです。

椿氏の発言問題に対して、私が言いたいのは、このときの役所（旧郵政省）の対応はそれでもまだ、放送番組の自由ということを大切にされていたということです。どんなに調べても事実がそこになければ役所としては何もできない。そう判断し、放送法改正を持ち出すことはなかったようです。

椿氏の発言は、経営上の問題だということになった。つまり、公平でなければならない報道局長という立場でありながら、「反自民の連立政権を成立させる手助けになるような報道」を指示したことなどなかったにもかかわらず、いかにもあったように民放連の調査会で自慢するような人物を重要な部署の長にしたテレビ朝日の経営上の問題ではないかというわけです。

残念なことに、一九九〇年代は「やらせ」や青少年への影響を無視したもの、芸能人のプライバシー暴露などテレビ番組への苦情が多発した時代でもありました。そこで九五年、郵政省は「多チャンネル時代における視聴者と放送に関する懇談会」を設けました。ここで「椿発言」問題についても論議があり、九七年に発足したのが先に挙げたＢＲＯです。

## 政党の聴取要請には警戒を

「出家詐欺」問題を取り上げた、NHKの「クローズアップ現代」（二〇一四年五月放送）で〝やらせ疑惑〟が一五年三月、『週刊文春』で報じられました。同じ三月にはテレビ朝日の「報道ステーション」で、経済産業省出身のゲストコメンテーター、古賀茂明氏が最後の出演中に「菅官房長官はじめ官邸のみなさんにはものすごいバッシングを受けてきました」と事前の打ち合わせにない発言を番組内でしました。

自民党の川崎二郎氏が会長を務める「情報通信戦略調査会」から翌四月にNHKとテレビ朝日に対して、番組内容に問題があるから説明に来てくれと要請があり、NHKとテレビ朝日は幹部が説明に行ってますね。国会の総務委員会などからの正式な要求ならば私も行ったことはあります。

政党から「ちょっと来てくれ」と言われて、放送局幹部が出かけて行った。私はこの件を新聞で読んだのですけれども、放送法三条には「放送番組は、法律に定める権限に基づく場合でなければ、何人からも干渉され、又は規律されることがない」と書いてあります。こうした対応は総務省からの行政指導の始まりになってくる恐れがあるのです。実際、高市早苗総務大臣（当時）は四月にNHKに対して厳重注意として行政指導を実施しています。

ところで高市大臣ですが、一六年二月に国会で、政治的公平などを定めた放送法四条に違反すると電波法七六条に基づく停波処分の可能性を繰り返し答弁し、政治問題化しました。政治的公平を欠くとはどういうことを指すのかの具体例も政府統一見解として示されました。

いま手元に『放送法と表現の自由~BPO放送法研究会報告書』（二〇一〇年）というBPOが出した本があります。『放送法逐条解説』を〇六年に出した金澤薫氏は総務省事務次官を務めた方ですが、「椿発言をめぐる行政の対応」という論考をBPO報告書に寄稿しています。金澤氏は「現実には七六条の規定を適用するような事例はない」「運用としては適用できない」とし、著書の『逐条解説』の中でも、「慎重に行う必要がある」という表現で放送番組をめぐっては電波法七六条に基づく放送事業者に対する停波処分は事実上できないという認識を示したと思っています。

話を戻します。放送局としては政党から事情聴取の要請などの打診があったら相当、慎重に警戒心を持って対処しなければいけないと思います。お叱りを受けに行くということであれば、ことさらこれは注意しなければならないと思います。

民放と違ってNHKは政党からの要請には断りにくいかもしれません。なぜなら、NHKは予算を国会に認めてもらわないといけません。受信料をもっと安くしろだとか、政府や与野党からいろいろ要請が来ているようですし、そういうのを受けやすい放送局ではあると思うのです。

余談ですが、一七年一二月にテレビを持っている全世帯は、受信料を支払う事実上の義務があるとの最高裁の判決がありました。しかし、これはNHKにとって良かったのかどうか。NHK

の番組を見ない自由だってあるわけですし、本来放送とはそういうものでしょう。全世帯が負担するとなると、ＮＨＫの放送が国の事業のように見えて来る。これはマイナスです。

## 意見書を読んでほしい

ＢＰＯの放送倫理検証委員会で審議し、まとめた意見書をみると、似たような制作上の手抜かりや配慮不足から問題になった番組もあって、過去の事例が生かされていないな、と痛感したことがありました。制作分野だけでなく、放送局の社員がこの番組を外の目で見たらどう見えるのかなどを勉強することが大切です。

こういう会（そうだったのか！ジャーナリズム研究会）に入ってＢＰＯをフォローしていくようになっていくといいと思います。ＢＰＯが作った意見書などはたくさんあるわけで、各放送局の社長の机の上に置きっぱなしにしているのではなく、必要な部署や局員に読んでもらったらいいと思います。

読んでほしい一つに『民間放送七〇年史』（二〇二一年）という本があります。ここには総務省から行政指導を受けた過去の放送番組の事例がつぶさに書かれてあります。各放送局がきちんと知っておけば、避けられた問題はいくつもあると思うからです。放送局は番組の有り様を考える専門家を自分たちの社員のなかに育てていかないといけません。

## 「こちらデスク」で学んだ

テレビ朝日の報道番組に「こちらデスク」（当初は「日曜夕刊！こちらデスク」、一九七八〜八二年）というのがあって、朝日新聞で同期の筑紫哲也氏がキャスターを務めていました。朝日新聞社にいたときに私も二年ぐらいコメンテーターとして出演していたので、放送法上の発言等について担当のディレクターから注意を受けたりして、そういう意味では全くの素人で放送界に移ったというのではなかったと思います。新聞と違って放送に規制があるんだと思ってはいました。

朝日新聞時代に『補助金と政権党』（朝日新聞社）という本を書きましたが、自民党が選挙では強くて野党政権がほとんど成立する基盤がないということについてはそれなりの理由、つまり補助金がバックにあって政治家が官僚たちをうまく動かしているという認識はありました。

放送もそういう形になっていると感じたのは、大蔵省出身の池田勇人だとか、運輸省出身の佐藤栄作とか官僚から総理大臣になった頃までは、民間に放送免許を与えていていいのだろうかという官僚主義的なところがありました。郵政大臣も経験した政党政治家の田中角栄が実力者になって一気に放送免許がばらまかれるわけです。

官僚も政治家も新聞との付き合い方はわかっているけれども、政治への影響力を強めるテレビをどう扱っていいのかまだわからない時期で、そういう時期の最後が「あるある」問題の頃かなと思います。

## ＢＰＯを健全に活用して

放送というのは、与野党に限らず、政治集団から嫌われていると思うんです。一党支配の時期が長かったとはいえ、我々はちゃんと放送の自由を守る伝統をつくっていかなければならなかった。多くの放送局があり、「放送の自由を守れ」と言っても過去にはなかなかそううまくはいかない時代があったと思います。

ただ、放送倫理検証委員会をつくろうという点で民放の足並みは揃っていました。放送倫理検証委員会ができていなければ、十数年の間には何らかの別のやり方が出てきているはずで、またいつかやられるだろうと思っていました。

政府から独立した放送規制機関が放送行政を所管する欧米などと違って、日本では総務大臣が直接、放送法を所管していますが、ＢＰＯにこそ独立規制機関のような役割を与えようと考えていくのが重要だと思っています。憲法の保障があって、それに基づいて自立したＢＰＯが放送の自由の範囲を決めて示していくほうが政府からの行政指導や行政処分がなくて済みます。

放送法は「健全な民主主義の発達に資する」と「民主主義」という言葉を法律に使っている。占領軍の指導で作った放送法ではありますが、これは良い意味で残っているわけです。放送の自由の範囲の判断をBPOにお任せすることは、欧米の機関よりももっと放送の自由の範囲が広くなるかもしれません。健全に活用していこうということでいいのではないかと思います。

## 父は「番組はタブー」と答弁

お話があったので申しますが、父・広瀬正雄は佐藤内閣の下で郵政大臣として国会で質問を受け、次のように答弁しております。

《番組につきましては、これは申すまでもなく憲法に明記されております言論の自由、放送事業で申しますと放送の番組の自由というようなことがございますので、簡単に触れられない、いわゆるタブーだと私どもは考えておるわけでございます（衆議院逓信委員会一九七二年三月一五日）》

なんか因縁めいています。

逆説的に言えばですが、第二次安倍政権（二〇一二年一二月～二〇年九月）やそれに続く菅政権（二〇年九月～二一年一〇月）の間、行政指導の案件があまりなかったということは、それだけ番組がおとなしすぎるのかなという感じもします。政府や与党から行政指導や抗議が来るかもしれませんが、少なくとも恐れる必要は全くない時代ではあると思います。

## 生き生きとした番組づくりを

最後に、若い世代の放送人へのメッセージということですが、放送局はスマホなどの影響でだんだん収支的に難しい時代になってきています。そういう意味では放送は全盛期を過ぎたような気がしますが、社会に対する影響力という点では、新聞やスマホになお、勝っているのは間違いありません。ただし、表現の自由という点では紙を配って読んでもらう新聞とは違って、放送は見て聞けば消えていく。しかも影響力が大きいだけに、放送にあたっては十分責任のあるものでなくてはなりません。そして、生き生きとした番組を提供していける訓練を重ねるべきだと思います。政治家や政党は放送に限らずメディアから敵対視されているように感じる習性があるのですが、それを過大視する必要はありません。

もし、自分の表現に行き過ぎがあったかなと思ったとしてもその判断はＢＰＯにお任せし、その決定を尊重し対処していけば、スマホあるいは雑誌、新聞に負けない憲法に保障された表現の自由を放送に十分生かすことができるのです。ＢＰＯを設立する論議の中で「制作者たちが委縮する心配はないのか」という声もありましたが、杞憂でした。

放送番組は生き生きとして見てくれる人たちに元気を与え、喜びを与えるようなメディアであるべきです。自信を持って頑張ってもらいたいと思います。

# 第４章　公平公正とは何か

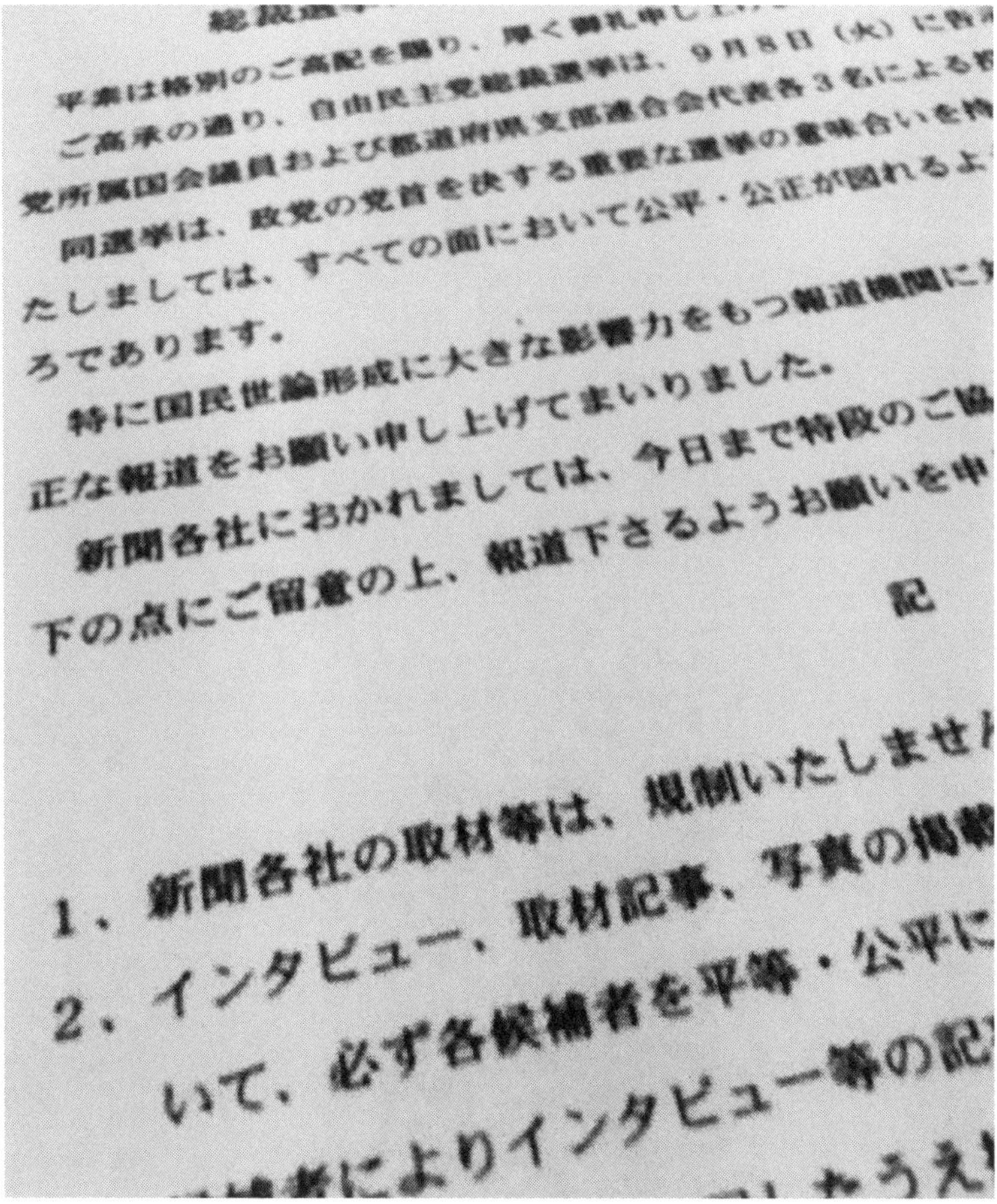

平素は格別のご高配を賜り、厚く御礼申し上げ
ご高承の通り、自由民主党総裁選挙は、９月８日（火）に告
党所属国会議員および都道府県支部連合会代表各３名による
同選挙は、政党の党首を決する重要な選挙の意味合いを
たしましては、すべての面において公平・公正が図れるよ
ろであります。
特に国民世論形成に大きな影響力をもつ報道機関に
正な報道をお願い申し上げてまいりました。
新聞各社におかれましては、今日まで特段のご協
下の点にご留意の上、報道下さるようお願いを申
記
１、新聞各社の取材等は、規制いたしませ
２、インタビュー、取材記事、写真の掲載
いて、必ず各候補者を平等・公平に
者によりインタビュー等の記

2020年９月にあった自民党の総裁選で、同党の「総裁選挙管理委員会」が新聞・通信各社に「平等・公平」な報道を求めた文書

# 1　座談会　公平公正論を考える

公平、中立、そして公正といった言葉は、政治家ら公権力を持つ人物が気に入らないメディアを批判したり、事前に威嚇する際にしばしば用いられたりしている。「平等・公平な報道を」――。近年では、安倍晋三首相（自民党総裁）の辞任を受けた総裁選（二〇二〇年九月）を実施するにあたって自民党は報道各社にそう要請した。公平な報道を求めることは一見、説得力がありそうだ。このような動きに対して、一石を投じたのが放送界の第三者機関「放送倫理・番組向上機構」（BPO）の放送倫理検証委員会が二〇一七年二月に発表した意見書だ。発言時間をストップウオッチで計ったような形式的な公平ではなく、視聴者の知る権利に応えうる実質的な公平を求めたことが注目を集めた。「そうだったのか！ジャーナリズム研究会」では委員長としてこの意見書を取りまとめた川端和治弁護士にその狙いや政治・選挙報道などについて聞き取りをした（第二章2「川端・元放送倫理検証委委員長に聞く――優先すべきは公正な選挙報道だ」参照）。また、政治家自身は政治的公平をどのように考えているのか。元総務大臣で日本維新の会共同代表（当時）の片山虎之助氏と元自民党幹事長の石破茂氏にも質問をぶつけた（第四章２「石破茂氏インタビュー」、３「片山虎之助氏インタビュー」参照）。それらをもとに議論した。

## 繰り返す「公平・公正」要請

野呂法夫氏（東京新聞）

**野呂法夫**（司会）　東京新聞二〇二〇年九月九日朝刊二面に「『平等・公平な扱いを』自民、報道各社に文書」という記事が掲載されました。自民党総裁選で菅義偉氏（当時は安倍政権の官房長官）の圧勝が確実視されるなかで、総裁選挙管理委員会の野田毅委員長の名前で出された「総裁選挙に関する取材・記事掲載について」とのタイトルの文書（注1）では、三点を具体的に記載していました。この座談会で取り上げようとしていた出来事です。

**臺宏士**　文書は「各候補者を平等・公平に扱って

臺宏士氏（毎日新聞出身）

下さるようお願いいたします」と記しています。自民党が報道各社に選挙報道に対して予め警告を発したいときに繰り返してきた常套句です。私の知る限りでは、公職選挙法上の選挙でもない一政党のトップを決める選挙で、しかも投票権を持つ資格が極めて限られた総裁選にまで広げたのは、安倍首相（当時）が三選した一八年九月の総裁選からではないでしょうか。

**野呂**　自民党が「平等・公平」を要請する背景には、それなりのメリットを感じたからではないかと思います。

**臺**　第二次安倍政権（一二年一二月～二〇年九月）が要請の効果に味をしめた経験は、一四年一二月の衆議院選（二日公示、一四日投開票）の前月に「在京テレビキー局」宛てに出した文書にさかのぼれると思います。自民党が一一月二五日に公表した政権公約のキャッチフレーズは「景気回復、この道しかない」。アベノミクスについて批判のニュアンスを少しでも含んだニュースには目を光らせていたようで、自民党は萩生田光一筆頭副幹事長、福井照報道局長の連名で「選挙時期における報道の公平中立ならびに公正の確保についてのお願い」と題した文書を一一月二〇日に在京キー局の編成局長、報道局長宛てに出しています。（注2）この時点では、民放を主な狙いとして意識していたとみられます。

この文書を自民党が出した直接のきっかけは、二日前の一一月一八日に安倍首相がTBSの報道番組「NEWS23」に生出演した際に流れた「街の声」にアベノミクスへの否定的な声が多かったことでした。東京・有楽町とJR大阪駅前で聞いた六人（男四人、女二人）のうち五人が否定的な感想で、安倍首相は「これ、おかしいじゃないですか」とその場でTBSの編集を批判し、その後延々と反論したことがありました。私が計測したところ、街の声が六人合わせて五四秒だったのに対して、安倍首相は二分二二秒。アベノミクスの成果について二倍を超える時間を使ってたっぷりとしゃべり続けたのです。

文書が各局に具体的な対応を求めた四項目の一つに「街角インタビュー、資料映像等で一方的な意見に偏る、あるいは特定の政治的な立場が強調されることのないよう、公平中立、公正を期していただきたいこと」というのがあります。文書が出された結果、非常に興味深い現象がテレビ報道で起きました。水島宏明・上智大学教授の論考「テレビ報道の〝強み〟を封じた安倍自民『抗議文』『要望書』で音声も消えた」（朝日新聞社『Ｊｏｕｒｎａｌｉｓｍ』二〇一五年一〇月号）に詳しいのですが、街頭インタビューは一部のテレビ局や一部の番組を除いて多くの報道番組でなくなってしまったというのです。

**野呂**　毎日新聞政治部出身の中澤さんにお聞きしたいのですが、こうした文書を出す自民党の狙いについてどのように見ていますか。

**中澤雄大**　自民党はもとより、いずれの政党もメディアのことを「情報宣伝」「広報」の媒体として利用し、できる限り自分たちの主張、政策を伝えてくれる存在だと考えているはずなので、大きな驚きはありませんでした。文書に接して「あぁ、またか」と。むしろ、メディア側が政治権力の強化に手を貸してしまうようなことに無頓着であったり、報道姿勢が萎縮してしまったりする方が問題だと感じています。

**澤康臣**　総裁選にあたって「平等・公平」を求めた文書の目標は何か。菅氏の圧勝が最初から決まっていたような選挙です。「選挙で誰かが不利になり結果が歪む」と懸念して、報道内容に何かを求める意図より、全般的に「メディアに目を光らせている」アピール、「全般的な牽制球」という印象を受けました。これで問われるのは報道側のいわば心意気で、こんなものを真に受けるかどうかだと思うのです。中澤さんのおっしゃる通り、これで萎縮することが問題。でも、おそらく一四年文書に効果があったと評価しているからこそ今回もやっているのでしょう。ここでまたも萎縮すれば、よりひどくなるのではないでしょうか。

**臺**　自民党が在京キー局に文書を出した後、テレビ朝日には別の文書も送っています。一四年一一月二一日に衆議院が解散されると、報道番組では関連特集を組みますが、「報道ステーション」では「衆院選企画」として連日、テーマを絞った特集を放送していました。その第一回（一一月二四日放送）で取り上げたのが、アベノミクスの検証でした。これに自民党がかみついたのです。

自民党は福井報道局長名で「貴社の一一月二四日付『報道ステーション』放送に次のとおり要請いたします」とのタイトルの文書を作成し、自民党を取材する平河クラブの所属記者を通じて「担当プロデューサー」（「そうだったのか!ジャーナリズム研究会」に参加している松原文枝さん）宛ての文書を出しました。

中澤雄大氏（毎日新聞出身）

文書は放送から二日後の二六日付。自民党は「アベノミクスの効果が、大企業や富裕層のみに及び、それ以外の国民には及んでいないかのごとく、特定の富裕層のライフスタイルを強調して紹介する内容の報道がなされた」と非難し、「公正中立な番組作成に取り組んでいただきますよう、特段の配慮をお願い申し上げます」と番組内容に注文を付けたのです。特集で取り上げられたように豪華客船での船上パーティーが繁盛するなど富裕層には恩恵が及んでいますが、その一方で低所得者層には届いていないという現実があれば、報道することは当然です。結果としても「トリクルダウン」と呼ばれた経済政策の効果を安倍政権の七年八カ月を通じて国民が実感することはなかったわけですが、こうした報道に対して「公平中立」を盾に抗議し報道が押さえ込まれれば、かえって国民の投票行動を誤らせることにつながるのではないでしょうか。

**澤**　米大統領選では政党内の候補者選びからドラマチックに展開する時期が長く、報道でも大統領選のネタが一年以上も続くといっても良いと思います。それと比べると、日本はそもそも選挙期間が圧倒的に短く、選挙報道の量も圧倒的に少ないんです。自民党総裁選は九月八日に告示され、一四日には投開票されてしまいました。選挙は勝ち負けを争うレースだから、普段政治ニュースに強くない人だって関心を持ちやすいはず。ジャーナリズムが硬派ネタを伝える大チャンスなんです。

　ところが、日本では選挙期間が短いだけでなく、選挙運動もまるで「原則禁止、例外的に許可されたことだけやってよい」と言わんばかりの強力な規制に縛られています。日本人って統制や、規制遵守が好きなんじゃないかと思うことがあります。

　メディアの世界でも「報道を抑制、自粛することにより『迷惑』を回避する」ということがしばしば美徳の文脈で語られがちですよね。報道倫理だって、より自由で豊かな情報を追求する「社会・歴史のためのいい報道」より、より自制的で秩序や平穏に重きを置く「書かれた人にとっていい報道」の重視に軸足がある珍しい国です。そして自民党からの要請文も形としては「書かれた側からの苦情」にはなるんです。

ナンセンスだとは思いますが、これにメディアが弱いとすれば、そうした背景があるのかもしれません。

## 「圧力まがいには抗議すべきだ」

**野呂**　松原さんは、川端和治氏から聞き取りをした中で、どのような発言に注目されましたか。

川端氏は、ＢＰＯの放送倫理検証委員会の委員長（〇七年五月～一八年三月）として、ともに七月に行われた参議院選と東京都知事選の報道全般について「２０１６年の選挙をめぐるテレビ放送についての意見」（一七年二月公表）をとりまとめました。その中で放送法四条にある「政治的に公平であること」を焦点に検証、考察しています。四条は放送事業者が番組編集にあたって配慮すべき自律的な基準や理念であり、ほかに「公安及び善良な風俗を害しないこと」「報道は事実をまげないですること」「意見が対立

澤康臣氏（共同通信出身）

している問題については、できるだけ多くの角度から論点を明らかにすること」を求めています。意見書の内容も含めてお願いします。

**松原文枝**　川端氏は意見書を出した背景について「当時の選挙報道が低調で、視聴者が見る気もしない、選挙に行かない、投票率が下がる、民主主義にとっての危機だろう、という問題意識が委員全体の間であった」と、まず内部での状況を明かしてくれました。そして「なぜテレビ局がストップウオッチで計って時間を揃えるといった形式的な公平性にこだわるのか、放送局が公職選挙法を誤解しているからではないか」と重要な点を指摘されました。

テレビ局も放送法四条の「政治的に公平であること」の本来の意味をきちんと理解せず、明確な定義づけをしてこなかったから権力の介入を許してきたわけで、意見書は「選挙に関する報道と評論の自由がある」という〝防衛策〟を提示してくれたのです。

**野呂**　松原さんは政治部や「報道ステーション」時代に政治的な圧力を感じた経験はありますか。

**松原**　政治権力が、放送メディアに介入することは、権力の性質としてどこの国でも起こりうることです。それに対しては、放送局側がまず自覚を持って対峙することが必要です。私も政治部や「報道ステーション」の時代を通して、時の政権幹部から直接口頭での批判や要請をよく受けました。各社の担当記者を囲んだオフレコの場でわざわざ発言したり、電話やメールを使って秘書官らを通じて表立たない形でクレームと取れるような意見や注文をつけられたりすることがありました。具体的には例えば、安倍首相の今井尚哉政務秘書官（後に首相補佐官）や菅官房長官、自民党情報通信戦略調査会会長の川崎二郎衆議院議員や佐藤勉元総務大臣らが裏からクレームをつけたり注文をつけたりといった、目に見えない形での圧力と受け取れることは何度も経験しました。放送メディアに対してどうやれば萎縮効果があるかをわかっていたのだと思います。しかし、私はこうしたことに対しては、事実関係が間違っていなければ説明する。間違っていれば即座に訂正する――社会や視聴者への責務を考えれば当たり前のことで、それを規範として報道してきました。

**臺**　松原さんがチーフ・プロデューサーを務めた「報道ステーション」のゲスト・コメンテーターだった経済産業省出身の古賀茂明氏が同番組（一五年一月二三日放送）で「I am not ABE」と書いたフリップを出して、安倍氏が訪問先のエジプトで過激派組織「イスラム国」と戦う周辺各国に二億ドルの支援を約束したことを批判しました。ジャーナリストの後藤健二さんら二人の日本人を拘束していたイスラム国が日本政府に対する同額の身代金要求に繋がったと言われています。その後、二人は殺されました。古賀氏のこの発言に官房長官だった菅義偉氏の秘書官を務めた中村格氏（元警察庁長官）は放送中に「古賀は万死に値する」とのメールをテレ朝報道局幹部に送り付けたり、菅氏が番記者とのオフレコ懇談で「俺だったら放送法に違反してるって、言ってやるところだけどな」とテレ朝幹部に伝わることを意識した発言をしたことはよく知られていますね。古賀氏はこれらを受けて最後の出演となった一五年三月二七日、「菅官房長官はじめ官邸のみなさんにはものすごいバッシングを受けて

松原文枝氏（テレビ朝日）

きました」と暴露しています。

**松原**　一四年一一月の衆議院選を前に自民党がわれわれ在京キー局に送ってきた文書での要請は異例のことです。政治記者としての中澤さんの経験からすると驚くに値しないとのことでしたが、この時の文書は「出演者の発言回数や時間を公平に」「ゲスト出演者の選定を公平に」「特定の政党出演者に意見が集中しないように」「街頭インタビュー、資料映像等で一方的な意見に偏る、あるいは特定の政治的立場が強調されることのないよう、公平中立、公正に」――など番組の内容に事細かく言及していて、それを文書で要請するというのは、公権力による放送の自由への介入と取られかねません。放送法三条は「放送番組は、法律に定める権限に基づく場合でなければ、何人からも干渉され、又は規律されることがない」として「放送番組編集の自由」を保障しています。この条文は憲法二一条の表現の自由から来るわけですが、それこそ憲法に抵触しかねない。文書として残すことで報道されたり、訴訟になった場合には証拠としての価値も持ったりしますから。それまでの文書での要請と言えば、少数政党が番組では数の多い政党と同じように扱うよう求めてくるくらいで、以前はあまりありませんでした。ですから、自民党が文書で要請してきたのには驚きました。

その後、「報道ステーション」という個別の番組にも要請文を突き付けてきました。その時の宛先は、当時チーフ・プロデューサーを務めていた私でした。こんな圧力まがいのことには抗議すべきだと社内で突き上げたところ、これまで通りに選挙報道をやったらいいという社内の言質を取りました。当時は選挙前の報道こそが大事なので、毎日、政策的な論点や選挙区取材を放送していました。

## 優先される価値は「公正」

**野呂**　私自身も、一六年七月の特に参議院選報道を見て、それまでの安倍政権の介入にテレビ局がそこまで忖度して萎縮し、「自主規制」するようになったのかと失望しました。放送倫理検証委員会の意見書は、選挙報道にかかわって「政治的に公平であること」についてどのような見解を示しているのでしょうか。

**松原**　一五年一一月に出された放送倫理検証委員会の「NHK総合テレビ『クローズアップ現代』〝出家詐欺〟報道に関する意見」では、政治介入の際に根拠として使われる「政治的に公平であること」とした放送法四条は、政府の行政指導や処分の根拠にはならない「倫理規範」であるとし、一七年二月の「2016年の選挙をめぐるテレビ放送についての意見」では、公選法の条文を根拠に「虚偽の事実を放送したり事実を歪めるなど表現の自由を濫用し、しかも、その結果、選挙の公正を害することにならない限りは、選挙に関する報道と評論を自由にできる」と解説しています。

選挙報道は「量的公平性（形式的公平性）」ではなく「質的公平性（実質的公平性）」――すなわち政策の内容、問題点、候補者の資質への疑問など、どの政党や候補者であれ、取材で知り得た事実を報道し、明確な根拠に基づく評論をするという姿勢こそが求められると提示したのです。しかも「（報道の結果）ある候補者や政党にとって有利または不利な影響が生じうることは、それ自体当然であり、政治的公平を害することにはならない」とまで言い切っています。そうなれば、権力からの圧力があるだろうということも想定し、「批判対象となった権力から反発を受けるが、表現の自由が保障された世界で、健全な民主主義を発達させるという使命を全うするために引き受けなくてはいけない職責である」と放送の現場にエールを送り、われわれの報道の自律を論理的に守る内容でした。私自身、この意見書を読んだときに非常に勇気づけられました。

もう一つ、川端和治氏に聞き取りをしたときの話で重要だったのは「公正」こそが求められる価値だとした点です。「公平・中立・公正」と並べられると、一つ一つの言葉の吟味がおろそかになりがちですが、そこは違って川端氏は「視聴者に役立つ情報を伝えるという放送の役割からすれば、公平が優先されるとはなっていない。それで批判があれば覚悟して放送するのが役割だ」と話されていました。

**野呂**　その後、テレビ局の選挙報道が改善したのかという点については否定的でしたね。

**松原**　そうです。川端氏は「具体的な騒ぎが起こらないくらい悪くなったという感じだ」と言います。そして具体例の一つとして挙げたのが一九年七月の参議院選における、れいわ新選組の選挙運動についてです。れいわ新選組は、その斬新な選挙運動――四億円以上の献金を集めたことや、筋萎縮性側索硬化症（ＡＬＳ）の難病患者や重度障害者を候補者として擁立するなど、社会的な新現象としてニュースバリューがあるものでしたが、各放送局が政党要件を満たしていないという形式にとらわれすぎて扱わなかったことを批判していました。

川端氏は意見書を出した後の一九年に出版した著書『放送の自由――その公共性を問う』（岩波新書）の中で「実質的公平性は、国民の知る権利にはよりよく作用するであろうが、放送局が独立した判断を行うだけの力を持っていなければ、逆に不平等な結果を招く恐れがある」と警鐘を鳴らしていました。われわれ放送局に胆力があるかどうかが試されているわけです。川端氏が引き合いに出されたのはイタリアの例です。同国では、ベルルスコーニ元首相が完全にメディアを支配しているために、ストップウオッチで選挙放送を公平にする制度を導入しているとのことです。そうしないとベルルスコーニ元首相の意思がメディアを支配するとみんなわかっているので、川端氏は「イタリアの例そのものが日本だ。意見書を出した当時はその危惧はしていなかったのだが……」と厳しい意見を述べられていました。

**野呂**　山本太郎代表のれいわ新選組が新風を起こしながら政党要件を満たさないことを理由にテレビや新聞がまともに取り上げなかったことへの川端氏の批判はもっともなことです（第二章1「放送はどこまで自由か」参照）。これについて補足します。選挙戦でネットなどを通じて、れいわへの賛同や共感の輪が広がっていきました。当時、私が所属した東京新聞読者部には読者から「どうしてきちんと扱わないのか」といった意見が相次ぎました。本紙の「公約点検」や都内版の東京選挙区企画では、諸派（れいわ新選組）として既存政党と同じ扱いでしたが、「台風の目」として注目する記事がないことに読者が疑問視やいらだちを覚えていたのです。編集局内で議論し、終盤にれいわを取り上げました。さらに投開票前日の二一日に「こちら特報部」が「れいわ現象は本物か？　低調な参院選で異彩を放つ」との見出しで大きく報じました。いわゆる従来の選挙記事ではなく、「現象」の分析記事として切り取ったのです。多額の献金や街頭演説の様子、ＳＮＳでの共感の声を伝え、既存政党への失望が背景にあるなどといった識者の分析を載せました。

記事下の小さな囲み記事「デスクメモ」にこうありました。「選挙戦中に、こうして『れいわ新選組』を取り上げることが、彼らへの肩入れではないかと感じる読者がいることは百も承知。だが、伝えたかったのは、人々のどんな思いが『れいわ現象』を形成しているのか、ということだ。それに共感するもしないもあなた次第。その上で一票を。（歩）」。この選挙でれいわ新選組は比例で二議席を獲得し、東京都内では四六万票近くを獲得しました。選挙後、記事に対しては、読者から評価の声が多く寄せられました。有権者の意識動向や民主主義下の社会現象を伝えるべきメディアが「政党要件を満たさない諸派とは一線を画する」「選挙期間中は公平・中立に」といった杓子定規な対応にとらわれていたとしたならば、弊紙を含めてその考えや報道姿勢を改めなければなりません。

**臺**　川端氏は、二二年七月の参議院選挙投開票二日前の八日、奈良市の近鉄大和西大寺駅北口付近で演説中の安倍晋三元首相が殺害された銃撃事件をめぐる選挙報道のあり方も問題視しています。

**野呂**　この事件について少し振り返ってみたいと思います。元自衛官で実行犯の山上徹也被告（以下、山上被告）は殺人罪と銃刀法違反などの罪で起訴され、公判はこれからです。国政選挙の最終盤の白昼に起きた元首相銃撃事件は衝撃的であり、誰しもが犯行動機を知りたかったでしょう。事件後、テレビや新聞は山上被告について「特定の宗教団体」として団体名は出さず、「母親が熱心な信者で、その団体を恨む気持ちがあった。安倍が（その団体に）近いので狙った」などと供述していることを報道しました。このテロ行為に対しメディアは「民主主義への挑戦」「暴力による言論封殺は許さない」と書き立てます。当然のことですが、私自身は「特定の宗教団体って、どこ？　投開票の前だから名前を出せないのか？　それとも裏取りができていないか？　選挙で自民党を利するのでは」ともんもんとしました。

投開票の一〇日にニュースサイト「リテラ」が安倍元首相襲撃事件の記事で「ネット上では『統一教会』（現・世界平和統一家庭連合）ではないかという声が広がっている」という表現で教団名を明かしました。新聞やテレビではこのような報道の仕方は許されませんが大騒ぎとなり、世界平和統一家庭連合の本部は自民党が大勝した翌日一一日に会見を開き、山上被告の母親が信者であることなどを認めたことで、メディアは一斉に「統一教会」名を報じました。その後、安倍氏をはじめ多くの自民党議員が教会と関係があることが明るみに出て、大きなニュースとなっていきました。

ところでマスコミはなぜ、「統一教会」を書かなかったのか？　書けなかったのか？　という疑問を解くために複数の関係者に取材しました。全国紙の大阪社会部の事件取材班にいた記者は「早い段階から統一教会の名前が上がっていたが、警察は正式に発表していません。こちらは土、日曜で教会が休みなどで母親が信者であることを確認できなかった。他社の多くも同じような感じだった」と振り返りました。カルト宗教に詳しい編集者は「私のところに複数の記者から問い合わせがあったが、個人の信者の宗派はわかるはずない。その教会幹部が認めるか、警察が発表したら書けるが、そうでない場合はあくまで憶測情報となり、実際に報道するのは私でも難しいでしょう」と話しました。

警察が事件後、「統一教会」と把握しながら教団名を伏せて発表しなかったとされていて、この警察の対応については批判されても仕方がありませんが、選挙で自民党にマイナスの影響を与えるからとの配慮や忖度でメディアが統一教会隠しを行ったとみる一部のマスコミ批判には違和感を覚えました。一部のメディアは山上被告の親族取材で母親が教団の信者であることなどをつかんでいたとの情報もありましたが、独自に報道する確証までには至らなかったのでしょうか。

私自身は東京新聞で一三年近く編集のデスクを務めました。もし当時、社会部や報道部の担当デスクであったら、やはりきちんと裏取りや証言が取れていなかったら、競争関係にある他社に抜かれようが原稿は通しません。大事件では取材での裏取りが足りずにスクープ報道が一転、誤報や虚報となり、記者や上司が処分されたケースを何度も見てきました。こうしたことは放送のＢＰＯ案件で放送倫理検証委員会が意見でたびたび指摘してきたことです。私も間違いないと思いつつも報道できないもどかしさを経験してきましたが、今回も難しいケースだったと思います。

**臺**　放送倫理検証委員会が一五年一一月に出した意見書についてもう少し深めたいのですが、松原さんが触れたように放送法四条について「政府が放送内容について干渉する根拠となる法規範ではなく、あくまで放送事業者が自律的に番組内容を編集する際のあるべき基準、すなわち『倫理規範』なのである」と明言しています。これは同年四月に高市早苗総務大臣が出家詐欺番組を放送したＮＨＫへの行政指導（厳重注意）を受けた見解で、同委員会は、行政指導について「放送法が保障する『自律』を侵害する行為そのものとも言えよう」と指摘しました。

この意見書は衆院予算委員会（一一月）で取り上げられ、高市総務相は「放送法を所管する大臣として必要な対応を行った」と反論し、放送法違反を繰り返した場合、電波法七六条に基づく停波にも言及しました。電波停止の問題は、翌一六年二月の衆院予算委員会では電波停止の可能性を何度も言及し、報道関係者からも批判が上がりました。総務省がその際に、具体的な繰り返し事例、言ってみれば、停波基準を示しています。(注3)

菅義偉氏が総務大臣（二〇〇六年九月～〇七年八月）の時代には放送局への行政指導が繰り返されました。行政文書として残る八〇年から行われた行政指導はそれまで三〇件あり、このうち六件が菅総務相でした（三宅弘、小町谷育子『BPOと放送の自由』日本評論社から）。

**中澤**　川端氏は放送法四条について、夫婦同居義務を定める民法七五二条に反するからといって、国家が同居を強制できないのと同じだと説明していました。

**臺**　とてもわかりやすい例えでした。放送法四条が政府への放送介入の根拠になるのであれば、廃止したらいいと提言したのは、国連人権理事会から特別報告者に任命されたデビッド・ケイ米カリフォルニア大学アーバイン校教授です。二〇一六年四月に表現の自由状況について来日調査しました。翌一七年六月に理事会に提出した報告では「政府から独立していない機関は、何が公平かを決定する立場にあるべきではない」と指摘しました。日本の放送行政は、欧米や、戦後一時期に連合国軍の占領下で設けられた電波監理委員会（一九五二年七月廃止）

高橋弘司氏（毎日新聞出身）

のような合議制の独立規制機関と異なり、閣僚の一人である総務大臣が監督していますので、ケイ氏の目には「独立していない」と映ったのでしょう。日本政府はこの報告に強く反発しました。ところが、安倍政権内に四条撤廃論があることが二〇一八年三月に発覚しました。

**野呂**　共同通信がスクープした、安倍政権の主要政策について有識者らが議論する「規制改革推進会議」（議長・大田弘子政策研究大学院大学特別教授）の中で検討されている改革プランに一時、盛り込まれた案ですね。撤廃か維持かをめぐり大きな議論になりました。民放や新聞は一斉に撤廃反対の論陣を張りましたが、川端氏はどのような考え方でしたか。

**松原**　川端氏は、突如浮上した四条撤廃論について「安倍官邸がメディア支配を完了したと総括したのだろう」と受け止め、衝撃だったと言います。「それまで自民党が公平に扱えと文書で細かく指摘してきたが、そんなことをしなくても放送局の方で自民党を有利に扱ってくれるという自信を持った」と見たわけです。

ですから、デビッド・ケイ氏の主張に対しては「本当に自由な放送ができて、表現の自由が広く深く行われて、国民の知る権利がもっと充足されるという結果が展望できるならいいと思うが、安倍官邸が『あんなものはいらない』と言えば、どういう未来が来るのか見えてしまう。放送局はより一層、政権の意図の忖度に走るだろうとしか思えないこの現実が問題で、今の日本の放送制度は、わずかに放送の自由を守る側に作用しているにすぎない」と、放送法四条がかろうじて今の放送を守っているとの見方を示されました。

その後、四条撤廃論はメディア各社の反対や政府・与党内で慎重論が強まり、翌四月にはその項目は姿を消しました。この時に検討された「内部文書」を、民放連が二〇年六月に開示したことで、当時政権が何を考えていたかがわかりました。そこには、放送法四条を撤廃するとともに、そうした規制に縛られない放送と通信の融合をすすめ、「放送（NHK除く）は基本的に不要に」と書かれていたのです。当時の規制改革推進会議のメンバーに取材したところ「四条撤廃と民放不要・解体がセットだったので、民放連会長から厳しい叱責を受けて頓挫したが、安倍政権が四条撤廃だけを単体で打ち出していたら、権力に脆弱な今の放送局の現状では通ったかもしれない」と話していました。

川端氏も「反対する理由はないとなったかもしれない」と見ていて、放送法四条は、これまで何度も介入の根拠として使われてきたわけですが、現状では放送メディアの報道を守る生命線と言えるかもしれません。

今後、テレビ局が自ら報道の自由を守れるかについて川端氏は「どんな制度であれ、最後は、自律的にやっていける力、意欲、決意がテレビ側にあるかという問題で、真実を伝えることに情熱を持ったジャーナリストがどれだけテレビに存在するかということと、そのジャーナリストがどれだけ高い能力を持っているかということにかかっている」と述べています。

**澤**　本来は自由であるべき言論表現に対する法的規制、つまり統制ですよね、「政治的に公平であること」という四条は……。これは、電波が限られた資源で、ごく一部の放送局だけに免許交付されるという前提などいくつかの特殊事情があるから正当化可能だと考えるべきものです。実際、この統制条項は自民党によりこうして介入に使われているわけです。私は、言論者、表現者たる者、より自由であれば、より政府のくびきを外れてよい放送ができると思ってきました。ケイ氏の撤廃論に近いです。ところが、それを今やってしまうと、むしろヨイショ番組や翼賛放送局が乱立しそうだという懸念が表明される……。「自由であると良い放送ができる」ためには、硬派な気骨がある人々がたくさん放送局内にいるという大前提が必要なところです。時代が変化していく中、発信者の地盤、実力に自信が失われているということなんでしょうか。

**高橋弘司**　川端氏によると、放送倫理検証委員会はテレビ番組で問題が起きるたびに意見を出すものの、それらの「指針」がテレビ局の制作現場の末端にまで届いていないという問題があるそうです。放送の将来を考える上で、由々しき問題だと思います。放送倫理検証委員会は「若きテレビ制作者への手紙」という形で最前線のディレクターらにわかりやすい言葉で裏取りの大切さを説いたり、旅費や日当を持つ形で意見交換会への講師を派遣したりするなどそれなりの努力をしているそうです。しかし、テレビ局の制作現場の間では「ＢＰＯ」と言っても「そんなのあったんですか?」という反応だったり、「ＢＰＯの意見など読んだことがない」というレベルだったりと、川端氏自身が嘆いていました。だが、ＢＰＯは具体的な問題が起こった際、その問題に特化し、具体的な調査をし、その問題点を指摘することにその役割を限定しており、こうした制作現場の教育や指導にまで意見できないと言います。川端氏はそうしたＢＰＯの限界を踏まえ「各放送局の経営側が決意するしかない問題」と指摘しました。しかし、テレビ界は依然、視聴率至上主義が支配し、放送の「質」を議論する空気が弱っているのが実態ではないかと感じます。

## 「偏向報道には意見」

**中澤**　「安倍自民党総裁の方針を継承する」と語っていた菅義偉氏について、川端氏が「非常に露骨なメディア統制論者で、現実にいろいろとメディアを統制しようとやった人ですし、人事については既に介入をやって各省庁を抑えた人ですから、それを今後も継続するというのはあまり希望の持てるような状況ではない」と指摘しました。さらに「もっと嫌なのは、それを良いことであるかのようにとらえている世論の動向を感じちゃうことです」と語っていたことが印象的でした。

**高橋**　私も同感です。菅政権発足後のマスコミ各社の世論調査はどこも、政権支持率が歴代有数の支持率を示しています。多数の国民は菅氏が第一次安倍政権で総務相だった時代（二〇〇六年九月〜〇七年八月）のメディアへの強権的体質を知らないか、忘れてしまっているのではないかと思います。放送界が〇七年五月、ＢＰＯ内に「放送倫理検証委員会」を立ち上げるにいたる経緯や背景を語った川端氏の言葉が印象的でした。

納豆にダイエット効果があると報じた関西テレビの情報番組「発掘！あるある大事典Ⅱ」の捏造問題が〇七年一月に発覚しました。川端氏は委員会の設立について、菅氏が「今の放送法では行政指導と電波法七六条による停波処分との間の距離が遠すぎる。その中間に総務大臣が処分できるような法案をつくりたい」と動き出したことがきっかけだったとし、「極めて切迫した状況でこの委員会がつくられた」と振り返りました。四月に国会提出された改正案は、問題を起こしたテレビ局に再発防止計画をつくらせ、総務大臣が意見を加えて公表するという行政処分権限を与える統制色の濃い内容でした。この行政処分条項は〇七年七月の参議院選で自民が大敗し、野党が過半数を占めるねじれ国会となったために削除されましたが、そういう歴史を知ると、官房長官時代、「鉄壁」とされる対応で官邸記者会見をさばいた菅氏の本質が見えてきます。

**野呂**　戦後史からみると、自民党がメディア対策に乗り出したのはいつごろからなのでしょうか。

中澤　自民党は、痛い目に遭った六〇年安保の時代からマスコミ対策の必要性を痛感していました。一九九三年七月の衆議院選で敗北し初めて下野しましたが、この年の一〇月、テレビ朝日の「椿発言」が政治問題化しました。これは、産経新聞が同年一〇月一三日付朝刊一面（二番手、六段見出し）で、テレビ朝日の椿貞良取締役報道局長が同年九月の日本民間放送連盟と放送番組調査会の会合で、先の総選挙について「『非自民政権が生まれるように報道せよと指示した』などと発言、『〝公正であること〟をタブーとして、積極的に挑戦する』と強調していたことが明らかになった」と報じたことがきっかけでした。「椿発言」はすぐに政治問題化して、自民党が同日の衆院本会議で追及する構えを見せたほか、郵政省の江川晃正放送行政局長が緊急の記者会見をして「政治的公平」を定める放送法四条を根拠に「遺憾」の意を示したうえで、電波法七六条の「電波停止」の可能性にまで踏み込みましたね。椿氏が放送人として初めて国会に証人喚問されるなど放送史に残る事件となりました。翌九四年八月に出たテレ朝の社内調査の結果では、非自民党政権に偏った放送は実際にはなかったとの内容でした。郵政省は調査結果を了承しましたが、椿氏が偏った放送をしたと疑われるような発言をしたことなど経営管理上に問題があったとして行政指導（厳重注意）しています。自民党は対テレビ戦略での手抜かりがあったと総括し、九四年の党運動方針で「偏向報道に対しては意見や主張を積極的に行う」と明記しました。郵政省は九八年の再免許交付の際に、テレビ朝日に政治的公平性に細心の注意を払うよう条件を付けています。

**臺**　自民党が二〇一四年一一月に在京キー局に出した文書は「あるテレビ局が政権交代を画策して偏向報道を行い、それを事実として認めて大きな社会問題となった」と言及しています。「椿発言」を念頭に置いたものだと思います。中澤さんも指摘されたように偏向の事実はなく、誤った認識が一人歩きしている典型例です。

**野呂**　公平公正の問題については、政治家側がどのように認識しているのかも重要な論点です。そこで「そうだったのか！ジャーナリズム研究会」では、菅氏が官房長官だった二〇二〇年九月の自民党総裁選にともに立候補した元幹事長の石破茂・衆議院議員（鳥取一区、聞き取り・二〇年九月二五日）と、元総務大臣で日本維新の会共同代表の片山虎之助・参議院議員（比例区、同二〇年一二月二一日、二一年三月一日）の二人に公平公正をめぐるメディア観を尋ねました。それを基にさらに議論を深めたいと思います。

ここから司会を臺さんに引き継ぎたいと思います。

## なぜ介入を許すのか

**臺**（司会）　片山虎之助氏は二〇〇一年一月の省庁再編で郵政省、総務庁、自治省が統合して誕生した総務省の最初の大臣に就任し、二〇〇三年九月まで務めました。森喜朗、小泉純一郎の両政権でした。片山氏の在任中、総務省関連では、メディア規制色の濃かった最初の個人情報保護法案の国会提出（〇一年三月）、情報公開法施行（〇一年四月）、一二桁の番号を住民全員に割り当てる「マイナンバー」制度の基盤となった住民基本台帳ネットワークシステムの第一次稼働（〇二年八月）があるなど表現・報道の自由への制約懸念やプライバシー問題が大きな議論になっていました。松原さんは片山氏が語った点のどこに注目しましたか。

**松原**　その前に改めて押さえておきたい論点があります。安倍晋三政権は、様々な形でテレビメディアに対してプレッシャーをかけてきました。そのツールとして使ったのが、放送法四条の「政治的に公平であること」という規定です。是枝裕和氏が自身のブログで一五年一一月に発表した論考「『放送』と『公権力』の関係について」（本書「是枝裕和監督『論考』編」）などの中で考察したような戦後の放送法の成り立ちを考えると、第一条の放送の自律の保障と表現の自由の確保、第三条の放送番組編集の自由が定められていること、法解釈を基にした郵政省の国会答弁も四条は、もともとは、放送事業者が自主的に守るべき倫理規範と位置付けられてきました。

**臺**　転機の一つが一九八五年一〇月に、テレビ朝日のワイド番組「アフタヌーンショー」（八五年八月放送）が報じた女子中学生へのリンチ事件がやらせであることが発覚したことでした。郵政省は一一月に行政指導（厳重注意）し、一二月には国会で「テレビ朝日に対して電波法七六条に基づく停波といった行政処分をあえて行うことはせず、厳重注意ということでとどしていますね。

**松原**　九三年のテレビ朝日の「椿発言」事件に絡んでも、郵政省は「停波とかいうような行政処分を行うことが法律上は可能になっている」と明言しています。裏では様々な脅しがあっても「政治的公平」を軽々と使ってはこなかった。法律の成り立ち、憲法の表現の自由からさすがにできなかったわけです。ところが、安倍政権は、そこを一気に超えました。既に議論となった衆議院選を前に在京キー局に送った要請文書しかり、四条に繰り返し違反した場合は、電波法七六条で停波できると国会で答弁するなど、「政治的公平」を権力介入ツールとして明示的に打ち出したのもしかりです。

これに対して、初代総務大臣でその後も自民党で放送行政に影響力を持ってきた片山氏の見解は少し違っていたように感じました。片山氏は四条を倫理規範ではなく法規範だとしながらも、「慎重に最大限慎重に、倫理的に扱うべきだ」と強調していました。もちろん法規範とした点は問題です。ただ、「政治的公平」を使って権力を行使することに抑制的な考えを示した点では、対極的な見解でした。また、「メディアは権力を監視するのが大きな仕事だ」とメディアの役割を認識していて、権力はメディアの役割を最大限尊重し、間違っても放送法を振りかざさないという建前を守っています。自民党の石破茂元幹事長も「謙抑的に使うべきだ」と述べています。

**臺**　松原さんは安倍政権の露骨な放送介入の典型例として、二〇一四年一二月の総選挙の前の一一月に自民党の萩生田光一・筆頭副幹事長（前・政調会長）らの名前で出した在京キー局への要請文書問題[注2]を強調しています。

**松原**　安倍政権で「公平中立」を使った圧力ともとれる顕著な例です。第一次安倍政権以前の自民党や、民主党政権でも裏では圧力と取れる行為があっても、少なくとも抑制的な姿勢は保っていたように思います。記憶になかったとしても国会で嘘はつかない、公文書は黒塗りにしても改竄したり勝手に廃棄したりしないのと同じで、民主主義を壊しかねない最低限のルールは維持されてきたと思います。

石破氏は要請文書を出すことについて「自分だったらやらない。萎縮という効果を生んでいるとするなら、改めるべきものではないでしょうか」と話していました。実際、片山氏もこうした文書を出したのは最近のことで、安倍政権が「テレビに言うことを聞かせることができる」と自信を持ったからだと見ています。そうだとすれば放送局はなめられたものです。片山氏は重鎮だけあって、一方でそれは自信がないことの裏返しで「公平公正にやってないという自覚があるから公平公正にやれと言ってくるんだ」と言い、テレビ側も「聞く必要がない。ああ言ってるくらいに思えばいい」と述べています。その通りで、メディア側の意識が大切なのです。放送法の成り立ちを理解し、現場の意識として落とし込んで共有し、その都度はね返す。ではなぜ、介入を許すのか。

片山氏は、安倍政権が政治介入を強めたのは、第一次政権でのメディア対応が失敗したからで第二次政権ではそれを生かしてメディアに接近したと指摘し、「メディアの幹部、論説委員と酒を飲み、番記者にも時々ご馳走して、脅かして、一方でニュースのネタをやる。安倍政権は露骨だった。メディアの方もよくない」と話しています。石破氏も「新聞社の社長、テレビ局の社長が総理と飯を食うこと自体、異様なことだと思う。たとえ会費制にしても会費さえ払えば良いってもんじゃない」と述べています。権力を持つ側から見ても行き過ぎに見えたようです。メディアの側がはねつけられず、権力からの接近に篭絡され、脅され、脆弱になるとさらなる介入を許すことになります。

## メディアが支持のお手伝い

**臺**　強圧的な政権に対してメディア側の対応にも問題があったという二人からの指摘は、傾聴に値します。

**澤**　政権がメディアにいろいろ言ってくるのは、ある意味当然のことです。介入を容認するという意味では無論ありません。権力というのは政権に限らず、警察にせよ行政にせよ、陰に陽に圧力を掛けるからこそ権力なのであり、それをしない「いい権力」を想定するのはナイーブに過ぎます。そうではなく、圧力をも「想定内」と言い切って無視したり受け流したりするようなしたたかさ、ちょっと前に流行った言葉で言えば「スルー力」が問われます。あるいはむしろ報道して、ウチらメディアはどう考えているのかを宣伝する好機にする姿勢です。「何か言われたらオタオタしてしまう」ことのないようにすることがいちばんだと思います。問題は、それがどうやったら現実の現場でできるようになるかですが。

**松原**　安倍政権は、一六年二月の国会で放送法四条の「政治的公平」の解釈について、選挙番組であればそれまでの「シリーズ番組全体」で判断するというものから、「一つの番組」ごとにでも問えるとした政府統一見解を出しました。さらに、高市早苗総務大臣（当時）が、四条違反とした場合は、電波法による停波の可能性があることを繰り返し答弁しました。それまで停波に軽々しく触れることがなかったことを考えれば、総務省が停波権限や免許はく奪の権限を持つわけですから、非常に強い圧力となります。

片山氏は「停波権限は持っているが、法律にきちっと要件を決めているから、勝手にやったら必ず総務省が負ける。そんなことやるわけがない」と言います。脅しが目的なのだから、私もそう思います。脅しに屈しないためには、メディア側も法律の理解、冷静な分析を、組織として公にし、抗議する胆力、現場への普段からの教育、また、メディアが一体として対応していくことが本来、必要だと思います。

**臺**　松原さんは石破、片山両氏に共通する認識として、公権力を行使する立場にある者の「謙抑性」を見いだしたようで、これが安倍晋三政権や菅義偉政権との違いとして浮かび上がってくるということだと思います。

また、首相と報道機関の幹部による会食にも両者とも批判的だったことも印象に残ったようです。野呂さんはどのように受け止めましたか。

**野呂**　石破氏は「（マスコミの）社長が総理と飯を食うことは異様なこと」と話しましたが、その通りだと思います。マスコミの編集・報道局幹部や管理職、デスクらはどうしても上を見がちなので、「たかが飯、されど飯」となって、「権力監視」のために報じるべき現場を差し置いて、上が指示しなくても忖度や自己規制が入り込むことになりかねません。安倍政権寄りが目立った報道機関の社長らは定期的に首相と会食していましたが、首相側にすればメディアを「分断」させることで、安全保障関連法制や沖縄・辺野古の新基地建設、原発再稼働など国論が「二極対立」するような政策遂行において政権運営がしやすくなり、内閣支持率のうち「四割」の岩盤（支持層）をつくり、結果的にメディア側がそれらのお手伝いをするかたちになってきました。その岩盤は、菅義偉政権でコロナ禍の対応のまずさで崩れつつありますが。

一部の新聞社が主張する論調に対して、政権が進めている政策の方向性が同じか、似たものであっても、その新聞社は、是々非々の立場で政権と向き合う、「公平中立・公正」が求められますが、双方とも露骨に親和していました。先の第二次世界大戦でメディアは戦争遂行に協力した反省から、戦後は「戦争のために二度とペンとマイクを持たない」と誓いました。国家の安全保障政策とエネルギー戦略の考え方が一致したとしても、国民からすれば、首相と新聞社や放送局トップの「お友達」関係や、近すぎる距離感は、メディア全体の「公平中立」性を疑わせて、信頼・信用を落としてきた気がします。一部の二〇代、三〇代は報道倫理的に制約がないネット番組への積極的な安倍首相の出演などを見て「いいネ！」と安倍政権に親近感を抱きましたし、七年八カ月で「中立」の軸自体が大きく右のほうにズレてしまったと感じます。

片山氏は、社長だけではなく、報道の幹部や論説委員らが首相と懇親を重ねたことに触れ「情が移るからね。（メディアに）意図的に（情報を）流したことがたくさんあるんじゃないですか」と、第二次安倍政権では「メディア対策」、官邸側の情報操作を含めて力を入れて、ある程度成功したのではないかとみていました。政権とメディアの関係について「脅し合いはどっちも、どっちでしょう」と。

政界は自民党と社会党による五五年体制後の自民党の長期政権後、ことあるごとにマスコミを「第四の権力」とけん制してきましたが、片山氏は「いや、いまや第一の権力だよ」と話したのが印象的でした。それは「元々あった権力ではなく、競争する権力であって、まとまったら怖い」との前提ですが。民主主義社会で自由にモノが言えるメディアに対し、権力が懐柔するのはやむを得ないことであるとの現実論も語っていました。安倍政権はメディア全般に対して「謙抑的」ではなく、むしろ「分断」したことが長期政権の一つの要因になったのではないでしょうか。

## 正論よりアグレッシブさを

**臺**　片山氏は「まとまったら怖いから、分断するようにしているのでしょう」と分析していました。

**高橋**　松原さんも指摘されたように、高市氏が電波法七六条に基づく停波に言及したことについて「大臣がそんな妙なことをやれるわけがない」「倫理的に扱うべきだ」とクギを刺しながらも「法律に書いてあるのだから、守らなかったら罰せられる」と話したことが、私には最も印象的でした。高市氏の発言が大きな批判を受けた点について「（メディアに）引っかけられたんだな」という発言もありました。

一方、片山氏は「政治家はおかしなことをすれば選挙で落とされる。だけど、マスコミにはそれがない」とも語りました。記者会見のあり方、質問内容など電波停止への言及という「表現の自由」に関わる重大な問題について「政治家対メディア」の対立構図に軸を置いてとらえているように思いました。だが、近年、ネット社会の浸透で、テレビや新聞自体が視聴者や読者の批判にさらされています。政治家にとっての「選挙」同様、マスコミは日々、そのあり方を問われており、私の認識は片山氏とは違います。高市氏のように権限を行使できる立場にある総務大臣が国会で発言することの政治的影響力の大きさにもっと敏感であってほしいと思いました。

**臺**　報道機関はチェックされていないわけではないと思います。おかしな報道をすれば読者にそっぽを向かれて購読者が離れますし、テレビも視聴率に跳ね返ってきます。読者・視聴者に代わって放送界は放送倫理・番組向上機構（BPO）、新聞界では各社の第三者機関が番組や記事に目を光らせています。自民党や日本維新の会が自分たちの政党活動をチェックする自主的な第三者機関を設けたことなど聞いたことがありません。選挙で落とせということでしょうが、現実の選挙制度は重鎮を落選させられるような仕組みにはなっていないのではないでしょうか。澤さんはいかがでしょうか。

**澤**　高橋さんの指摘、政治家がメディアを敵視することの善し悪しや程度問題は確かにあります。逆に政治家にメディアは恐ろしいものだと思ってもらえているのだと考えれば、「メディア対策」あるいは「政治家対メディア」の構図を片山氏が念頭に置くのも仕方ないのかな、とは思います。しかし、電波停止という権力的な手段は、言及するだけでも萎縮効果があることです。そのことについて民主主義の代表者として少し無自覚だと思いました。

政治家が文句をつけることを受け流すべきだと先ほど申しましたが、それと、現実に電波停止をなし得ると示すこととでは深刻度の質はけた違いで、後者は明らかに萎縮効果を生みます。

もっとも、『週刊文春』編集長として名を馳せた新谷学さん（文藝春秋取締役執行役員・総局長）はそのころ、権力むき出しのそんな威圧をむしろ利用して「どこまでやったら電波が止まるか、視聴者が毎週ハラハラしながら見る『停波にチャレンジ』という番組をやるべきだ」と言っていました（朝日新聞一七年四月二四日朝刊）。半分冗談だそうですが、そういう姿勢じゃないとこれからは持たないかもしれませんね。

メディア側として、権力は圧力をかけてケシカラン！　と批判することはもちろん基本ですが、それだけだと読者・視聴者も「メディアだって圧力じゃないか」「優等生みたいな文句言ってばかりいないで何かやれ」と白けてしまうでしょう。お行儀良さや正論よりアグレッシブさではないかとつくづく思います。

**高橋**　法律に書いてあるからと、影響力のある政治家が「電波停止」という言葉を安易に言及すること自体、萎縮につながるという視点は忘れてはならないと思います。片山氏は「安倍政権に対して、メディアの厳しさが減っている」「今のメディアはバラバラ」とメディアの分断が進んでいることを指摘していました。

また、第二次安倍政権は積極的なメディア対応を続けた結果、「メディアとの共存共栄」の状態にあるとの認識を示しています。本来は「権力の監視役」であるべきメディアの現状は憂うべきものと考えますが、それは政権側からみれば「電波停止」発言などが効いた結果となるのでしょう。

## 事実を表に出していれば……

**臺**　石破氏は「(自民党からの) そんな文書に萎縮するメディアがあるのでしょうか。御用メディアみたいになっているものがあるとすれば、それは何のためにジャーナリストになったんだろうね、と私は思います」と話していました。中澤さんは、片山氏の担当記者をしていましたね。

**中澤**　片山氏との絡みで思い出すのは、第一次安倍政権で総務大臣として入閣した菅氏が日参していた姿です。当時、私は毎日新聞政治部の参議院担当で、参院自民党幹事長だった片山氏や青木幹雄参院議員会長らの一挙手一投足を追っていました。二〇〇七年の春先から菅大臣がSPを引き連れて、片山氏の元へ足繁く通っていたわけです。

ちょうど、関西テレビの情報番組「発掘!あるある大事典Ⅱ」に代表される放送不祥事が相次いだ時期と重なり、〇七年四月には放送法改正案が閣議決定されています。当時から菅大臣がこだわっていた「NHK受信料支払い義務化」と「受信料値下げ」は先送りされましたが、それに先立つ〇六年一一月、電波監理審議会に「命令放送」を諮問。答申を受けてNHKの橋本元一会長を総務省に呼んで、北朝鮮による日本人拉致問題を短波ラジオの国際放送で「特に留意」して放送するよう命じたばかりでした。「剛腕」大臣の再三の来訪に、受信料問題の抜本改革のさなかにあったNHKの参議院担当記者の表情が強張り、上司に急ぎ連絡していた姿は忘れられませんね。

**野呂**　これまでたびたび触れていますが、一四年一二月の総選挙を控え、TBS「NEWS23」に出演した安倍首相が、アベノミクスの恩恵がないという街の声を聞いた後「これはおかしいじゃないですか」とクレームを付けたときにはあきれました。それはなぜかというと、為政者が「公平中立」を声高に叫び、まして文書で圧力をかけることが当然の行為だと思うことが、大いなる勘違いだと私は考えているからです。

そもそも総選挙を控えた、いちニュース番組での街の声の一つや二つが自分の政策や考え方に疑問を呈したとして、「不公平」「中立ではない」「公正ではない」といったふうにクレームを付けることは一国の宰相としていかがなものか。これに対して当然のこととして「アベノミクスは大企業や株価上昇で利益を得た富裕者らのためになっているかもしれないけど、一般庶民にトリクルダウン（お金がしたたり落ちる）なんかない」という実感を報道番組が届けるべきです。

また、自民党総裁選の報道の仕方にいちいち注文を付けることは、僭越を超えて「特権者たちの傲慢」です。百歩譲って国民の関心が高いテーマの論争や選挙で、特定の党だけの主張・意見を取り上げ、それを繰り返して行うならば、政治的「公平・中立・公正」が問題視されてもいいでしょう。放送法四条の規定はそのような常識的な倫理規範に過ぎません。

そうとはいえ、テレビ局の経営トップが事を荒立てないように「面従腹背」したり忖度したりするなかで、一部の現場の責任者やデスククラスまでがじわじわと「ゆでガエル」のように権力側が言い放つかなり偏向した「公平中立」の土俵に上がってしまい、自己規制して、緩い報道番組づくりに加担してしまっているのではないか。松原さんが先ほど、同じ放送人の立場から気遣って話していましたが、まさに政権の思うつぼ、術中にはまってしまって、彼らの望むような腰砕けの番組が残念ながら散見されるどころか、自民党側の「寝た子を起こすな」に呼応するかのように、第二次安倍政権下では、国政選挙の事前報道や政治報道が少なくなってしまったと感じます。その一方で、数少なくなってはしまいましたが、骨のある良い報道番組にはエールを送ってきました。

**松原**　先ほど少し触れましたように、二〇一〇年から一九年までBPOの放送倫理検証委員会委員だった是枝裕和氏は安倍政権が「公平性」を用いて放送に介入した一五年と一六年に、自身のブログで「『放送』と『公権力』の関係について」と題して三回にわたって、安倍政権と自民党に対して反論し、放送法をめぐる歴史を紐解いています。健全な民主主義の発達に資する放送を維持するために、またそれを支えるBPOの一員として、です。

そこで指摘されていたのが、さきほどで触れた「椿発言」事件の際に故・椿貞良氏が同じ会合で述べた当時の権力からの執拗な介入について、その事実を表に出していれば今の放送と公権力の関係がもう少し違っていたのではないかという点です。「その事実を表に出し、他局も放送界全体の共有財としていれば、放送側の公権力に対する失態ではない、別の『歴史』として定着できた可能性もあった」と分析しています。これは今後も生きる教訓だと思います。

「報道ステーション」時代にキー局だけでなく、番組に対しても自民党から「要請」という名の文書が来ました。その時、抗議するべきと社内で強く主張しましたが、その結果、圧力を気にせずこれまで通りやっていいと落ち着きました。振り返ればこれで十分だったのか、今でも考えているところです。裏に隠れるからいいようにされるので、野呂さんが指摘される「ゆでガエル」――自覚のないうちに緩い番組作りに加担しないためにも、権力からの介入に対しては一つひとつの対応が大事だと思います。

**澤**　「公平性を欠く」を根拠にした圧力は政治家なら誰でも使いそうです。つまりメディアの側は常に備える必要があると思うんですよ。この手の議論では「圧力をはね返せ」「圧力に屈するな」、言ってみれば精神論、根性論のような議論が多いように感じられます。でも精神論では闘えない。この「そうだったのか！ジャーナリズム研究会」の取り組みもそうですが「公平」や「中立」を求められたときに闘える理論武装をしなければ。そのツールが必要なときかもしれません。『放送レポート別冊』として『公正中立がメディアを殺す』（大月書店）など参考になる本もありますが、日本社会はとかく「中立」「公平」に弱い。逆に、大切なのは「公平公正」や「中立」ではなく、「独立」だという議論は日本では少し足りないのではないかと思っています。メディアの「独立」って議論はあまり聞かないでしょう。取材相手からの独立、権力からの独立、いずれもメディアが主権者第一の立場で奉仕するために必要なことです。独立というキーワードで考えるなら、「けしからん」と政権が思うかどうかはどうでも良いことだとすぐわかります。逆に、「権力との対峙」というキーワードは、ある意味大切ではあるのですが、落とし穴もあることは指摘したい。一時期を除き自民党政権が常態化している日本です。左派やリベラル派からみれば、保守派に対峙しているから権力との対峙なのか、そもそも左右問わず権力には対峙するのか。そこは大きな違いです。民主党政権（二〇〇九年九月〜一二年一二月）の崩壊に「マスコミが足を引っ張った」というかつてあった非難は、どこまで正当性があるのかも考えられます。その点、「独立性」という観点をもっと大切にする方が良いように思います。

## 独立行政委員会の議論

**臺**　公正取引委員会や「マイナンバー」問題で注目を集めた個人情報保護委員会のような政府から距離を持った独立行政委員会のような規制機関に放送行政を任せるべきだという議論は常に浮上します。これに対して、片山氏は「独立行政委員会は〝中立公平〟に見えて、実際は無責任なんですよ。ものが決まらない。終戦の時にＧＨＱ（連合国最高司令官総司令部）がたくさん持ち込んできたけれども、結果的に委員会制度をやめるか、もしくは日本型に変えていった歴史があるんですよ」と猛反対でした。

**澤**　法令解釈や施策は最終的には民主的コントロールが必要なものです。エキスパートレベル（官僚レベル）で放送の自立性、独立性を防衛しようとしているのに対して、悪い与党政治家が……という単純な発想に落とし込むことにも怖さを感じます。有権者や市民の責務が問い返される場面とも言えるからです。日本に特殊な事情である政権交代が乏しい自民一強政治だと、リベラル派からは単純に「与党の介入を防げ」――もちろん番組やメディアへの介入ではなく、行政への介入という意味です――と言いたくなるかもしれないと思うのですが、もし政権交代がそれなりに行われる国なら、民意を踏まえた改革は常に行政機関に対する「与党の介入」になるし、非自民政権の時にもそれはあったのではないか、それによって良くなったものもあったのでは、と推測します。現在のように野党が「純化路線」で多党化している間は、政権交代は難しいでしょうけど……。

政権がこのように放送内容についてOKだのNGだのを論じること自体、グロテスクだしメディアを萎縮させるものです。

ただ、これは放送法という法令が「公正」という形で放送内容について、たとえ本来は放送局の自由や独立を守ることを旨としていても、規制している以上、法の運用がどうあるべきかを政府が論じることは避けられません。法律がある以上運用論議は必要になります。「フエアネス・ドクトリン（公平原則）」的なものだから必要なんだという議論も分かりますが、必ず、政権によるこうした議論を生むという面とセットで考える必要があります。少なくとも、政府が直接所管するのではなく、独立行政委員会に運用させることは絶対に必要です。政権が萎縮目的で介入したことがはっきりしたことが、後述するいわゆる「総務省文書」の功績ですが、それを踏まえ、現状の放送法の「公平原則」を残すのであれば、緊急に目指すべきはそこでしょう。

**中澤**　免許制である放送事業者が、政権に慮って萎縮する懸念はいつの時代もあるでしょう。歴代自民党政権はベトナム戦争に対する批判的なリポートに神経を尖らせたり、国政選挙における「政治的公平」報道を求めたりと、放送法四条を逆手に取って、放送内容が「公平性を欠いている」と圧力を掛けてきた歴史がありますよね。しかし、「公平」とは一定の主観を伴うもので、そこに条文の曖昧さがあることは否めません。それでは、フェアネス・ドクトリンを廃止した米国にならえばいいのでしょうか。しかし、仮にそうなれば左右両極端で、過激な言説は社会の分断を生むのは必定です。

## 後世の審判に耐え得るよう

**臺**　片山氏も総務大臣時代に放送法の解釈について答弁をしていますね。

**中澤**　片山氏は、総務大臣時代の二〇〇一年二月の衆院予算委員会で「テレポリティクス」のあり方について問われて「表現の自由を確保する観点から放送番組編集の自由を規定した上で、あとは放送事業者の自律、こういう観点から組み立てられた法律だ。放送事業者にその認識を徹底してもらい、その上でいろいろなことが考えられるかどうかという議論になるのではなかろうか」と述べ、「不偏不党」に問題が生じれば何らかの対策を講じる必要があると示唆した人でもあります。

報道を通じて猪突猛進、辣腕な印象を受けがちですが、実は自治官僚出身らしい緻密な法律解釈と是々非々の視点を併せ持つ政治家でありました。今回、現実に即した発言を聞いて、権力を握る政権与党を監視するメディアの側も、従来の報道姿勢が時代にそぐわなくなってきており、体質改善をより意識していかざるを得ないと感じました。

幹部の会食を含めて、オフレコの取材を一概に否定する側には、私は立ちません。なぜなら、いつも記事にされることが前提ならば、取材を受ける側は構えてしまうので、建前論に終始する場合が少なくなく、逆に仕事になりません。片山氏や石破氏が指摘したように、そこには競争相手に勝つための「社利社欲」があり、売らんがための「商業ジャーナリズム」の宿命からも逃れることはできないわけで、横並び一線の取材では得られない、他社と異なる手法を模索する必要が出てきます。

派閥を担当すれば、毎日のように同じ政治家と顔を合わせることになり、相手が嫌がることばかり書いていては単独で面会もできないなど、それこそ話になりません。複雑な人間関係や事柄の背景、為政者の腹を探るという、バックグラウンド取材を積み重ねてこそ、ようやく実態が浮かび上がることは少なくないはずです。オフレコにする代わりに、本音でざっくばらんに話してもらいましょう、いざという時には書かせてもらいますよ、という互いの信頼関係の上に成り立っています。

私自身、忖度した記憶はありませんが、幾度も岐路に立たされたことはあります。こうしたジレンマを伴う独特の取材手法が、一九七四年の「田中角栄金脈」報道の際に「政治家・官僚と記者のなれ合い」「知っていて、なぜ書かないのだ」という政治記者批判にもつながったことはご承知の通りです。その後はオフレコでも「看過できない発言」と各社・記者が判断した場合、一方的にオフレコを「解除」して報じています。最近では、岸田文雄政権でも二〇二三年二月三日夜に、首相秘書官だった荒井勝喜氏＝経済産業省出身＝がオフレコ取材で、ＬＧＢＴＱなど性的少数者や同性婚の在り方をめぐって「差別発言」をしたとして、毎日新聞が「あまりにもひどい発言だ」と、オンレコに切り替えて報道。世論が沸騰し、岸田首相も「言語道断だ」と応じ、荒井氏を更迭しましたが、政権は傷手を被りました。

**臺**　当然、オフレコ発言を報じた社と政治家らとの関係は壊れるわけです。

**中澤**　だからこそ、政治家・政党は自分たちの立場で主張すればいいし、メディアはメディアの立場として是々非々で粛々と報じればいい。片山氏も指摘したように、「公正」な報道とは立場や見方、時代によって変わるものであり、記録された〝歴史的事実〟がのちのち覆ることも珍しくありません。後世の審判に耐え得るような報道姿勢を貫こうと、意識することが何よりも肝要だと考えます。

臺

岸田首相のスピーチライターとしても知られる荒井氏が記者団に「（同性婚で）社会が変わる。社会に与える影響が大きい」「隣に住んでいるのもちょっと嫌だ」「同性婚を認めたら国を捨てる人が出てくる」などと発言した問題は、在京六紙は社説でも一斉に取り上げています。産経新聞は「性的少数者を嫌悪する、明らかな差別発言である。更迭は当然だろう」（二月五日）とし、毎日新聞も「荒井氏は直後に（略）撤回し謝罪したが、それで済む問題ではない。岸田文雄首相が更迭したのは当然である」（同）と支持。朝日新聞（同）は「即座に更迭を決めたとはいえ、それで不問に付される話ではない」とし、性的少数者らへの差別発言を重ねてきた杉田水脈・衆議院議員を総務政務官に起用し、その後、事実上の更迭に追い込まれるまでかばい続けた岸田首相にも「首相自身の人権感覚が疑われる」と批判の矛先を向けています。日本経済新聞（二月七日）、東京新聞（同）も「当然」という言葉で更迭を評価しました。

一方、読売新聞（同）は「更迭は当然」とは書いていません。同紙は「同性婚について、個人がどのような考え方を持とうと自由だ。『広く認めるべきだ』と主張する人もいれば、『不快だ』と思う人もいるに違いない」としたうえで、首相秘書官という立場を踏まえて「重責を考えれば、荒井氏の発言は、個人の印象を語っただけ、ではすまなくなる」との批判につなげていました。

また、荒井氏の発言が「オフレコ」という報道を前提としない取材であったことを取り上げたのも読売だけでした。中澤さんが触れたように毎日は二月三日深夜に荒井氏に実名で報じることを伝えたうえで、デジタル版で速報しています。発言内容が明るみに出ると、荒井氏はすぐに「オンレコ」で発言の撤回と謝罪を行い、日本テレビは報道番組中に速報するなど各社もサイトなどで追いかけています。

読売は「発言が報じられ、要人の更迭人事に発展したことは気がかりだ」とし、「本人に伝えれば、オフレコも一方的に『オン』にして構わないというなら、オフレコの意味がなくなる。取材される側が口をつぐんでしまえば、情報の入手は困難になり、かえって国民の知る権利を阻害することになりかねない」と批判しています。毎日は報じた理由についても「同性婚制度の賛否にとどまらず、性的少数者を傷つける差別的な内容であり、岸田政権の中枢で政策立案に関わる首相秘書官がこうした人権意識を持っていることは重大な問題だと判断した」（二月五日朝刊）と説明していました。荒井氏への取材は当時、官邸で連日、複数の記者が集まって定例的に行われ、二月三日も約一〇人がいたそうです。

**中澤**　私の政治記者時代には、官邸や秘書官宅でオフレコ取材を連日していました。

**臺**　片山氏のインタビューでは違和感を持った発言がありました。それは菅義偉氏が総務大臣として二〇〇六年一一月に行った「命令放送」について「やったほうが良いと（菅氏に）伝えた」と語った部分です。
　命令放送への批判が出ていた中で「穏当でない」と発言し、当時の私のインタビューでも「ＮＨＫの国際放送に国費を出している関係で放送法上は総務相が命令できるが、拉致問題といった特定の事項を命令としてやらせる感じになるのはいかがなものか。国際社会に日本の事情をわかってもらうことは必要だが、命令という形式は穏当でないと思う」「ＮＨＫに要請や依頼をすれば済み、命令との実質的な違いは余りない。命令にこだわるのはわからない」「ＮＨＫは独立した報道機関だ。公共放送であって国営放送ではない／報道の自由がある社会では、権力が放送に関与するような印象を与えるのはよくない」などと述べていました（毎日新聞二〇〇六年一〇月二三日朝刊「メディアを考える」）。最終的には菅氏の方針を受け入れたということなのでしょう。

**高橋**　大学でジャーナリズムを教えていて思うのは、「中立」は正しいと信じて疑わない学生が非常に多いことです。
　学校教育の中で「中立」がよいこととたたきこまれてきた印象です。新聞、テレビの報道に「中立」など存在しない。しかし、特定の問題について報じる際、批判を恐れ、賛否のバランスを取っているに過ぎない。「国民の知る権利」を守るため、政府の仕事をチェックする役割が期待されているという本来のメディアの役割を今一度、確認するところから始めるしかないように思います。

## 「持たざる者」の立場から

**臺**　放送倫理検証委員会の「2016年の選挙をめぐるテレビ放送についての意見」（一七年二月）では選挙報道の量が減少している点を指摘してます。

**野呂**　歴代最長の安倍政権の「負の遺産」は数多くありますが、その一つが政治・選挙報道で放送局が萎縮や自粛をしてしまったことだと思います。かつて国政選挙があれば、テレビは選挙期間中に激戦区や注目の選挙区の情勢をリポートしていて、私もよく見ました。小泉純一郎政権下の二〇〇五年の「郵政選挙」のときは、郵政民営化造反組を「抵抗勢力」とし、「刺客候補」との対決などワイドショー的にも盛り上がり、テレビの「劇場型」報道には一部から批判はありましたが、政治や選挙への関心が高まり、投票率アップにもつながりました。

ところが、民主党政権が終わり、安倍政権が復活してからしばらくして、国政選挙期間中の選挙報道は減り、激戦区リポートもほとんどお目にかかれなくなってしまいます。そうした中で、放送倫理検証委員会は「2016年の選挙をめぐるテレビ放送についての意見」を出しました。その中で一六年七月に行われた参議院選と東京都知事選をめぐる報道の問題点を指摘するにとどまらず、参議院選では全体の放送量が前回（一三年七月）に比べて二～三割も減少したことなどを紹介し、放送法の「政治的公平」や「善良な風俗を害しないこと」の番組編成準則が本来の放送局の当事者が自律的に守る「倫理規範」ではなく、「法規範」とされていることへの危惧を表明しています。つまり、仮に政府が主張する「法規範」であるならば、「この準則が、憲法上最も重要な権利とされている表現の自由を不当に制約していることになる」と安倍政権の名指しを避けつつも、彼らの介入の動きや行政指導などを批判。さらに「このような萎縮や忖度によって表現行為を自粛し自ら制限するという影響（萎縮効果）を生じる法律は、それ自体が憲法の表現の自由の保障に反して無効だというのが、民主主義国家に共通の憲法の解釈である」と憲法論や法理の見解を述べています。そして、返す刀で民主主義に貢献すべき立場の放送局が選挙・政治報道で萎縮・自粛することを戒める半面、「表現の自由」の実践者として責務を果たすことを求めているように私は思います。放送倫理検証委員会が手がけた数多い意見の中でも、この見解は特に重要であって、放送局の幹部から現場の制作者まで胸ポケットにしのばせ、事あるごとに読んでいただきたい内容です。

**臺**　「公平公正」を根拠にした要請を当然視する自民党幹部ばかりのなかでは、今回聞き取りした二人は良識派のように感じました。しかし、その片山氏でもＮＨＫへの旧命令放送（現在の要請放送）や、放送法四条を根拠に番組編集に介入できるという放送法の政府解釈を容認しているのです。

石破氏もまた幹事長時代にＴＢＳ「ＮＥＷＳ23」（二〇一三年六月二六日放送）の報道をめぐ

って自民党が抗議文を送るとともに、一時取材拒否にまで発展しました。一三年七月の参議院選（七日公示、二一日投開票）の前に起きました。安倍政権にとっては政権に復帰した後の最初の国政選挙ということになります。

自民党が腹を立てたのは、電気事業法改正案をめぐっての報道でした。この改正案は、発送電の分離など電力システムの改革を目指したものでしたが、参議院で野党が提出した安倍首相に対する問責決議案の採決が優先された結果、改正案が廃案になってしまいました。この点を自然エネルギー財団の大林ミカ氏が番組の中で「政争の具にされてしまった。問責決議案の前に採決しようという動きがあったわけですから、（与党は）もしかしたら法案を通す気がなかった。非常に残念です」というコメントをしましたが、それを放送したことを問題視しました。自民党は放送の翌六月二七日、小此木八郎・筆頭副幹事長名で「報道内容に対する抗議」というタイトルの文書をTBSの西野智彦報道局長に送りました。抗議内容は「廃案の責任が与党にのみあるとの発言を報道し、電気事業法改正案の利害関係者のコメントを持って、ナレーションにより他の法案が廃案になった責任も与党にあるとの構成になっている」「自由民主党として、参議院選挙を目前に控えたこの時期に、貴社の今回の報道は看過することが出来ません」というものです。ここでも「問題は公正公平が求められるべき報道番組のつくり方に対する貴社の姿勢です」と「公正公平」と言う言葉が用いられています。これに対して、翌二八日に番組プロデューサーの南部雅弘氏は小此木副幹事長宛てに

「今回、貴党より民間の方の発言等に関してご指摘を受けましたことは、私どもとして誠に遺憾であり、今後より一層の公平公正を期してまいる所存です」と文書回答しています。

自民党は納得せず翌二九日、「貴殿よりの回答について」という文書を南部氏宛てに再度送っています。その内容は「（自民党は）番組の構成のあり方に疑問を持ち、明快な回答を求めています。報道内容が公正・公平を欠いたことに対する謝罪、また全国多くの視聴者が貴社報道により誤解を受けたと推察されることから、NEWS23番組上における謝罪と訂正を求めます」と謝罪放送の要求にまで及んでいます。二七、二八、二九日と連日続いたやりとりが表面化したのは、自民党がTBSへの取材拒否を発表した七月四日。自民党総裁・幹事長室は同党を担当する平河クラブに「TBSに対する取材・出演の一時停止について」とする文書を出しました。そこには「個々の報道内容を構成するパーツはすべて事実であり、全体を通して見てもらえば公正公平を欠いていない、といった趣旨の説明がありました。TBSより納得のいく対応がなされない以上、わが党としては当面、党役員会出席メンバーについてはTBSからの取材要請、また出演要請に応えることはできないとの判断に至りました」とあります。この日まではTBS側も自民党の主張を受け入れない姿勢だったとみられます。ところが、翌五日にTBSが西野智彦報道局長名で幹事長の石破氏宛てに出した文書は「弊社としましては、『問責決議案可決に至る過程についての説明が足りず、また民間の方のコメントが野党の立場を代弁したと受け止められかねないものであった』等と、御党より指摘を受けたことについて重く受け止めます」との内容だったのです。自民党はこれを受けて取材拒否を解除します。五日夜のBSフジの番組に出演した安倍氏は「事実上の謝罪をしてもらったので、この問題は決着した」と発言しています。(注4)同じ日、TBSの龍崎孝政治部長は「放送内容について訂正・謝罪はしていない」とのコメントを報道各社に出したようですが、むしろ、私は「放送法四条が定める政治的公平は、放送局が公正公平に報じる権利を保障したものだ。自民党は取材に応じる義務がある」などと取材拒否に抗議し、対抗する武器として四条を使ってほしかったと思っています。

一方、石破氏自身は覚えていませんでしたね。石破氏にとっては「釘をさしておくか」くらいの認識だったのかもしれません。

政治家には現実に報道に与えている萎縮効果について報道機関自身がしっかりと伝えることと、民主主義社会でのジャーナリズムの役割に照らせば、「公平中立」そして「公正」な報道というのは、単純な両論併記報道とは違うことをしっかり理解してもらう必要性を感じました。野呂さんは報道における「公平中立・公正」をどうお考えでしょうか。

**野呂**　それは広い意味で言うと「持たざる者」の立場から見て、報道が本当に「公平中立」であるのかの視点に立つことではないでしょうか。「持たざる者」とは、日本の社会や地域コミュニティーで暮らす中で「不当な差別や偏見を受けている人」「貧困や社会制度・システムの陥穽に落ちて、手を差し伸べられていない人」――ではないでしょうか。多数派の言い分が通り易い社会にあって、いわば弱き立場の人々や少数派に光が当てられ、声がすくい上げられ、普通に暮らせるよう後押しする役割やバランスが報道として取れていたり、果たせていたりするか――。新聞記者の端くれとして「公平中立・公正」とはそうしたことをわが身で振り返る大事な「物差し」と考えてきました。

それを「持てる者」たちの中でも、政府を動かし、国民の生活を差配する権限・権力を持っている政権幹部らが自己に都合のいいように公共の電波などを差し向けようとすることには、メディア全体がスクラムを組んで「ノー」と言うべきです。残念なことに現実にはなかなかそうはなっていませんが、きちんと事実を報じて、それはおかしいと言い続けて、批判・批評することは最低限果たさなければなりません。

政治はよく「数の力だ」と言われます。確かに民主主義は、最後は多数決で政策や物事を決めるシステムで、多数派が優位、有利になりがちです。しかし、過半数の「五一％」を取れば済み、正当化されるという話ではない。政府や与党の政治家がメディアに向けて発するときの「公平中立・公正」な報道と、民主主義社会のなかでメディアが果たすべき「公平中立・公正」な報道では、同じ言葉でも意味は異なると思うのです。国会で徹底した議論、審議において、少数派や弱者が置かれた立場や利害にも歩み寄り、十分に配慮して、反映・修正することが重要です。そうした現場の声や訴えを広く伝えて、調整していく役割や使命がメディアにはあります。

与党側から見た「公平中立」に引きずられてはなりません。そこに揺るぎない報道の「公正」な視点を持ち、時として鋭利なメスを入れていく。そのためには言論の自由、表現の自由は欠かせず、その最前線に立つメディアの報道活動を阻害したり萎縮させたりする言動は、すなわち「民主主義の自殺行為」です。権力者といえども、民主主義の根幹をなす原理原則は最優先に尊重するべきです。そのことを政治家、メディア、国民で共有したい。それがゆえに、報道に携わるものの責任は重い。メディアそのものが真価を問われています。

注1　総裁選挙に関する取材・記事掲載について＝二〇二〇年九月（抜粋）
1　新聞各社の取材等は、規制いたしません。
2　インタビュー、取材記事、写真の掲載等にあたっては、内容、掲載面積などについて、必ず各候補者を平等・公平に扱って下さるようお願いいたします。
3　候補者によりインタビュー等の記事の掲載日が異なる場合は、掲載ごとに総裁選挙の候補者の氏名を記したうえ掲載し、この場合も上記2の原則を守っていただきますよう、お願いいたします。

注2　選挙時期における報道の公平中立ならびに公正の確保についてのお願い　自由民主党　筆頭副幹事長　萩生田光一　報道局長　福井照＝二〇一四年一一月二〇日（抜粋）
衆議院選挙は短期間であり、報道の内容が選挙の帰趨に大きく影響しかねないことは皆様もご理解いただけるところと存じます。また、過去においては、具体名は差し控えますが、あるテレビ局が政権交代実現を画策し

て偏向報道を行い、それを事実として認めて誇り、大きな社会問題となった事例も現実にあった。
・出演者の発言回数及び時間等については公平を期していただきたいこと
・ゲスト出演者等の選定についても公平中立、公正を期していただきたいこと
・テーマについて特定の立場から特定政党出演者への意見の集中などがないよう、公平中立、公正を期していただきたいこと
・街頭インタビュー、資料映像等で一方的な意見に偏る、あるいは特定の政治的立場が強調されることのないよう、公平中立、公正を期していただきたいこと

注3　「政治的公平の解釈について」（政府統一見解）＝二〇一六年二月一二日（抜粋）

1　選挙期間中又はそれに近接する期間において、殊更に特定の候補者や候補予定者のみを相当の時間にわたり取り上げる特別番組を放送した場合のように、選挙の公平性に明らかに支障を及ぼすと認められる場合

2　国論を二分するような政治課題について、放送事業者が、一方の政治的見解を取り上げず、殊更に、他の政治的見解のみを取り上げて、それを支持する内容を相当の期間にわたり繰り返す番組を放送した場合のように、当該放送事業者の番組編集が不偏不党の立場から明らかに逸脱していると認められる場合

注4　安倍晋三氏は「公平公正」などを口実にしたメディアへの威嚇は、小泉純一郎政権だった自民党幹事長時代（二〇〇三年九月〜〇四年九月）や第一次政権時代（二〇〇六年九月〜〇七年九月）も相次いだ。
〇三年一一月九日の衆議院選でテレビ朝日の「ニュースステーション」が、民主党政権が誕生した場合の主要閣僚名簿を放送したことを問題視し、自民党は投開票日の「選挙ステーション」への幹部の出演を拒否。広瀬道貞社長が「私たちにも非があった」と謝罪したが収まらず、自民党は一二月に放送倫理・番組向上機構（BPO）の「放送と人権等権利に関する委員会（BRC）」に「放送法の政治的公平や自社の番組基準に違反する

ことは明らかだ。選挙期間中に民主党一党だけのＰＲを行うものであり、中立人の権利を侵害している」などとして審理を申し立てた（当時のＢＲＣは対象を個人に限っており団体からの申し立ては対象外のため受理しなかった）。

翌〇四年一月には党所属国会議員全員にテレ朝への出演自粛を求めた。テレ朝は二月一九日、常務ら幹部七人を処分。一般議員に対しては二月二四日、幹部については安倍氏が「サンデープロジェクト」に出演した同二九日を解除日としてようやく決着をみた。安倍氏は出演に先立つ同二七日の記者会見で「偏向的、不公正な報道が行なわれたときは当然、出演自粛を再開する」とけん制した。

〇四年七月一一日の参議院選で自民党は、小泉内閣の閣僚三人（中川昭一経済産業大臣、麻生太郎総務大臣、石破茂防衛庁長官）の国民年金の未納問題に揺れる苦境の中で迎えた。「だんご３兄弟」になぞらえ「未納３兄弟」と批判が巻き上がっていた。党は安倍幹事長名で「緊急・重要」と題した六月一六日付文書を候補者の事務所にファクスした。「一部テレビ報道等の報道機関において、取材の一部のみを取り上げた意図的な編集と報道が散見されます」とあり、取材に注意を促した。同時に、全国紙や在京キー局、地方紙や外国メディア、週刊誌編集部など数百カ所に「公平な放送が行われることを強く望む」とする文書もファクスしている。民主、共産両党の選挙区の「ママさん候補」を取り上げた朝日新聞記事にも、甘利明・筆頭副幹事長名で、比例代表には自民党もママさん候補がおり、公平に取り扱うよう求める通知書を送っていた。

安倍氏が首相として戦うことになった〇七年七月の参議院選（一二日公示、二九日投開票）では自民党は同党に有利な安倍氏の番組の出演条件を放送局に示している。六月二七日にＮＨＫと民放キー局の記者（平河クラブキャップ）に首相の出演条件として▽報道番組にこだわらない▽出演は単独か小沢（一郎・民主党代表）との討論形式で――というもので、野党の六、七党党首が出演する討論番組はＮＨＫの日曜討論など例外を除いて出演しないという。公示前とは言え事実上の選挙戦がスタートしたなかでは、それこそ「政治的公平」を損ねる番組になりかねないためか、各局の対応には差が出た。安倍氏が公示前に単独出演したのは、日本テレビ（七月五、六日）、ラジオ日本（同六日）、テレビ東京（同六日）、テレビ朝日（同一〇日）。各局とも他党の主張を紹介するなど工夫していたが、共産党は六月二九日に「各党公平な扱いが必要だ」との申し入れをＮＨＫと民放に行ない、社民党も七月一一日にＢＰＯに「各局に自主的な検証を促し、（ＢＰＯも）選挙報道についての検証を希望する」との申し入れを行った。

# 2　石破茂氏インタビュー

安倍政権は国政選挙を前に、メディアに対して、「公平公正」な報道を求める文書をたびたび送ってきていた。安倍晋三首相の辞任表明（二〇二〇年八月二八日）を受けて行われた自民党の総裁選（九月八日告示、一四日投開票）でも同様だ。自民党の狙いは何なのか。このときの総裁選に出馬したのは、菅義偉官房長官と岸田文雄政調会長、石破茂元幹事長の三人で菅氏が勝利した。同月一六日に首相に就任し、安倍政権を引き継いだ。「そうだったのか！ジャーナリズム研究会」では、石破氏にインタビューし、当事者としてどのように考えているのかを聞いた（二〇年九月二五日）。

**「お願いするのはこっち」**

――総裁選が終わって各メディアの取材や報道についてどのように思いましたか。

**石破茂氏**　健全な言論空間はメディアだけに限らず、有権者にもあり、可能な限り正しい情報が提供されることが民主主義にとって必要です。自民党の総裁選は、事実上、内閣総理大臣を決める選挙ですが、候補者がどう思っているんだ、ということが有権者のみならず国民にあまり伝わらなかったのではないかと思います。立候補演説を全部掲載した新聞は一紙もあ

石破茂・元自民党幹事長「(政治家が) 記者会見でAと聞かれてBと答えたり、特定の質問には答えないというのはもってのほかです」＝2020年9月25日、衆議院議員会館で

石破茂（いしば・しげる）1957年、鳥取県八頭町（旧郡家町）出身（生まれは東京）。慶応大学卒。三井銀行、田中角栄事務所を経て86年に29歳で衆議院議員初当選。防衛庁長官（2002年～04年）、防衛大臣（07年～08年）、自民党政調会長（09年～11年）、同党幹事長（12年～14年）などを務めた。父・二朗氏は、鳥取県知事のあと参議院議員に転じた元自治大臣。12期連続当選

りませんでした。放送もBS枠を使えば何度でも誰が何を言っているか、判断材料を提供できたと思います。しかし、どのメディアもしませんでした。

――総裁選の最中に記者会見のあり方について言及されていました。改めて教えてください。

**石破氏**　私は記者会見をする立場にいた時、党だろうと政府だろうと、よほど公的な日程が次にない限りは、「もっとありませんか」って、こちらから質問を促して手が上がらなくなるまで応じました。それはメディア、たとえ政党機関紙であろうと、後ろにいる大勢の人たちに答えているという意識を持っていたからです。だから、Aと聞かれてBと答えたり、特定の質問には答えないというのはもってのほかです。微妙な論理のすり替えもなるべくしないようにしてきたつもりです。

ただ、質問を聞いていると、記者の知識量もわかるんです。問題意識も。なるほどね、こういう知識量で聞いているんだよね、とか。こちらも知っておかないといけない。意地悪かもしれないですけれども、そういうところもありました。

――安倍前首相や菅首相については情報発信のあり方が問われていたと思います。どのように見ていましたか。ご飯論法とか言って、ご飯は食べてないけれどもパンは食べたというようなな。

**石破氏**　同じ与党の自民党の中にいて私は批判する立場にはいません。自分だったら違うだろうなという感じは持っています。良い悪いの問題ではありません。私は国会答弁でも記者会見でもそうですが、お願いですから分かってくださいという立場であると思います。質問する側と答える側は決して対等だとは思っていないんです。法律案にしても予算案にしても、政府の立場からすればこちらが審議をお願いしているのであって、通らないと法律案は法律にならないし、予算案は予算になりません。三権分立の意味をよくわかったうえで言っているんですけれども、お願いする側がこっちだという意味で決して対等ではないと思うのです。

## 総理と飯を食うことは異様

――自民党は選挙を前に公平、公正、中立、平等。そういった言葉を用いた文書を報道各社、特にテレビ局に送っています。自民党にはどのような狙いがあるのでしょうか。

**石破氏**　あまり鮮明に記憶がないのでごめんなさい。送ったんでしょうね。それはその、贔屓してちょうだいということでは全くなくて、新聞でもテレビでもそうなんですけれども、発言の一部を切り取られると、「それは真意ではない」、これは言ってはダメだということはわかっているんですけれども、どこを切り取られてもいいように気をつけ気をつけ発言をしていますが、全部を聞かないとその言葉の持つ意味がわからないことがあります。なるだけ脈絡が通るようにしてくださいね、とかそういう意味だと思います。決してこちらの肩を持ってくれとかそういうつもりはなく、公平とか公正とか平等とかの言葉のもとにメディアに威圧感を与えるという考えは全くございません。

――元幹事長としてのご自身のお考えはそうかも知れませんけれども、違う意図をお持ちの政治家もいると感じています。

**石破氏**　そんな文書に萎縮するメディアがあるのでしょうか。

――「萎縮しているのか」という驚きもあると思いますが、実際のところ、そういった影響を受けていることも感じられます。メディアからのチェックを受ける立場の公権力が報道基準を示すのは、民主主義の観点から見ても好ましくないのではないでしょうか。

**石破氏**　公正な報道の方が良いに決まっているし、平等な方が良いに決まっていますが、結果としてその萎縮という効果を生んでいるとするなら、私は今、当事者ではありませんけれども、改めるべきものではないでしょうか。私にはそういう意図は全くありませんが、そういう意図を仮にお持ちの方がいたとして、そういうようなことを狙っていたとすればそれは撤回すべきものでしょうね。だから御用メディアみたいになっているものがあるとすれば、それは何のためにジャーナリストになったんだろうねと、私は思います。

――「御用メディア」という言葉が出てきましたけれども、例えばＮＨＫと政権の距離感といいますか、放送法では、最高意思決定機関である経営委員会の委員を国会の同意を得て首相が任命できますし、予算案も国会を通す必要があります。このため政権与党の意向が反映されやすい組織です。首相の意にそう人物もＮＨＫ内部に送り込めるのです。

安倍晋三元首相の国葬が行われた2022年9月27日、東京・永田町の自民党本部では弔意を示す半旗が掲げられた

**石破氏**　謙抑的に権限は使われるべきだと思います。メディアが権力の走狗になったら国は早晩滅びます。チェックを経ない権力は怖いと思っております。だから、限られた電波というもの、そしてそれが持つ影響力、放送法の趣旨、新聞と違う律し方をしているわけですが、そこにおいては権力の介入は極めて抑制的であるべきだと思います。

それは与野党のどちらの立場であっても同じです。私は、いつまでも自分たちが与党の立場であると思うなよ、と思っております。自分たちが野党になることだってあるのです。時の権力が自分たちの思い通りになる裁判官ばかりにしたら、取り返しがつかないことになります。メディアもそういうところがあって、自分たちの気に入る人たちを選んではダメなんだというふうに思います。
批判に答えられない政策はダメなんです。難しいですけれどもね。私ならしないということであって、他の人がやったことについて批判的なことは申し上げません。新聞社の社長とかテレビ局の社長が総理と飯を食うことは異様なことだと思います。たとえ会費制にしても。会費さえ払えばいいというものではありません。

## メディアの側からも提起を

――民主主義社会では、どのような仕組みをつくれば公権力から独立したメディアにできると思いますか。

**石破氏**　メディアが権力にしてもスポンサーにしても常に影響されない立場を維持し得るのかというとそれは、難しいだろうと思います。
商業ジャーナリズムというのは間違いなくあって、広告が取れなければ東京新聞も毎日新聞も成り立たないわけで、あるいはテレビ局だって成り立ちません。広告のためには購読部数であり、視聴率なんだろうと。それで、そういうところは一種の構造的な限界みたいなものがあるのではないかと思っています。いかにして活字媒体であろうと電波媒体であろうと、権力やスポンサーからできるだけ自由であることができるかということを考えています。それは、結局のところ公的助成みたいなものにならざるを得ないのだろうとすれば、国民の税金ですから、国会のチェックなしにはいかないだろうと思うんですね。そこに恣意が入らない仕組みというのは何だろうと。

新聞と消費税というのは、かなり難しい問題だと思っていますが、やはり民主主義を守るために新聞社の経営は安定しないといけない。そのために消費税をかけないのは一つの見識だと思っています。だから、どうやってメディアが権力やスポンサーから自由であるか。これは永遠のテーマだけれども、我々権力の側からではなくてメディアの側からもこうあるべきだという提起を常に受けたいと思っております。

子供のころ、鳥取県知事公舎で育ちましたので、新聞は全紙が来るんです。こんなに論調が違うのかというのをまざまざと見ました。夏休みの自由研究で新聞のスクラップをやったこともあります。テレビだと全チャンネルを見ることはできませんが、新聞はできるだけ全部読むことが大事だと思っています。

## 3　片山虎之助氏インタビュー

安倍晋三政権（二〇一二年一二月〜二〇年九月）の「大番頭」として、メディア対策を一手に引き受けてきた菅義偉官房長官が二〇年九月、後継の首相に就任した。安倍前政権はメディアに対して「公平中立・公正」な報道を求めつつ、その「強権的」な姿勢はしばしば物議を醸し、主要メディア内の分断も進んだとされる。同時にネットやSNSの伸張によって、従来の報道を取り巻く環境も大きく変化する。「そうだったのか！ジャーナリズム研究会」は、元総務大臣でNHK問題など放送行政に精通する片山虎之助・日本維新の会共同代表に詳しく話を聞いた（二〇年一二月二一日、二一年三月一日）。

### 人事権持つ者が一番怖い

――菅義偉首相が総務大臣時代の二〇〇六年一一月にNHKに命令放送制度を使って、短波ラジオ国際放送で初めて個別具体的な事項の放送を命じました。当時、参院自民党幹事長の要職にあった片山議員の部屋を菅大臣がしばしば訪ねてきましたが、どんな相談を受けたのですか。

**片山虎之助氏**　総務省人事の話が多かったと思う。もちろん、個別具体的な政策の話もありま

片山虎之助・元総務大臣「（自民党が公正・公正を求める文書をメディアに出すのは）自信がないからかもしれない」「政権側もある程度の影響を計算して言っていると思う」＝2020年12月21日、参議院議員会館で

片山虎之助（かたやま・とらのすけ）1935年、岡山県笠岡市生まれ。旧自治官僚。中央省庁再編前の自治大臣・郵政大臣・総務庁長官、再編後の初代総務大臣、参議院自民党幹事長、日本維新の会共同代表を務めた。21年11月、体調不良で入院し、翌12月に同党共同代表を辞任。22年7月の参院選には立候補せず任期を満了し、政界を引退した。参議院議員5期。

したよ。NTT分割の話は印象強いね。NHK関係もあったけれど、菅さんのいちばんの関心は受信料だった。ある担当課長が抵抗したので左遷したんですよ。

——その相談も受けましたか。

**片山氏**　いや、受けていない。相談を受けていたら、反対しますよ。後から聞いて、事務次官には注意をしたんだよ。役所の人間は役所の論理、経緯で仕事をしているし、大臣はもっと大きなところを見ているから、衝突するところはもっと上手にさばきなさいと言ったんだ。大臣にも後で言ったかもしれないけれど、人事権は彼にあるんだからね。

——NHKの命令放送に関しての相談はありましたか。

**片山氏**　北朝鮮の拉致問題が動いていたし、私は賛成した。国として具体的にやってもらいたいことは「命令」として出すわけだから、やったほうが良いと伝えた。あれは非常に良かったと思うな。拉致された人たちがもし聴くことができたら喜ぶわね。聴ける環境にいるかどうかはわからないけれど意味はあると思う。

——個別具体的なことに関して、重鎮である片山さんにその都度報告があったと。

**片山氏**　あの時、私は党の放送通信関係の委員長（通信・放送産業高度化小委員長）を兼務していた。それこそ放送メディアの皆さんに頼まれて、あえて兼務することにしたんだ。菅総務大臣の前任者である竹中平蔵さん対策という意味合いで頼まれたと思うよ。急進的で新自由主義的な発想と政策に対して、メディアの人たちが恐れていたんじゃないのかね。竹中さんと菅さんの関係は総務大臣―副大臣からのつながりでとても近いと見られていたしね。今もそうだと思うよ。竹中さんは良い悪いは別にして、考えがはっきりしている。菅さんもそれにすごく影響を受けているんじゃないの。「自助・共助・公助」なんて言い古された言葉だけど、総理大臣に就任して最初に言うのは珍しいし、いかにも菅さんらしい。まずは自助だと言うのは竹中さんの主張。競争を非常に重視するというのもそうでしょ。一種の弱肉強食理論なんで、私は日本人には向かないと思うが、竹中さんは盛んに言っていた。竹中さんを当時の小泉純一郎首相が重用するものだから余計に一部からは警戒された。

ただ菅さんは竹中さんに影響を受けたとは思うけれども、そのまま言う通りということではないよ。自分なりにかみ砕いて、菅流にアレンジしてやっている。メディアの皆さんだってそうじゃないかね、私だってそうだよ。

――そうした政治手法、法の運用は首相に就任してからも続いていると思いますか。

**片山氏**　大臣になっても、人事には触らずに、事務次官以下に任せて、持ってきた人事案を承諾するのが大半の大臣だった。それが小泉純一郎政権時代（二〇〇一年四月～〇六年九月）から少しずつ変わってきた。「自民党をぶっ壊す」と言うだけあって、小泉さんは自分独りでやった。その影響もあると思うけれどね。人事権を駆使するのがいちばん、役人を操縦するのにいいわね。従来は人事に触らないのが〝良い大臣〟だったが、それ以降変わってきた。私も（中央省庁再編で）初代の総務大臣になって、約三年やらせてもらった。人事を三回もやるとね、官僚は言うことを聞くんだ。人事権を持つ者がいちばん怖い。菅さんはそれを有効に使ったんじゃないの。でも、有効を超えて使い過ぎちゃいかんけども。

## 文書出すのは自信のなさの表れ

――表現の自由や学問の自由に関わる日本学術会議の任命問題はどうご覧になりますか。

**片山氏**　あれはいろいろな経緯があるらしいが、内閣総理大臣に任命権があるならば、拒否権があるのが当然だ。ただ、なぜ任命しないのかという理由は説明する必要がある。推薦に基づき任命すると法律に書かれているんだからね。「基づき」という表現は重い。基づかない場合には、その理由を皆が納得するように説明しないといけない。それをちゃんとしないから、いかんのよ。「総合的に」「俯瞰的に」とかは意味がわからない。そんな日本人がなじまない言葉を言っても駄目。政府の方針に反対したから、と任命しないというのも一つの理由になると私は思う。良い悪いという議論は当然出て来るので、最終的には選挙で判断してもらうしかないんだよ、民主主義はね。私はそういう理屈ですよ。

――この問題で、国会で是々非々の質問をする考えはありますか。

**片山氏**　今のところはないけれども、してもいいよ。菅さんは人事権をうまく使っているな。良い面と悪い面があるけれどね。

――『君主論』のマキャベリの信奉者ですからね。

**片山氏**　役人だけで勝手に決める独善的な従来の人事では、国民の理解は得られないよ。ただ、政治家がよくわからないままに、自分の好みや考えで好き放題にやるのも良くない。官僚は国民の公僕であって、政党や政権の公僕ではないのでそこには節度がいる。政治家がやるにしてもね。今までは役所の人事には、現役の役人トップ数人でね、時にはOBが介入してやったんだよ（苦笑）。

――思い当たる節はありますか。

**片山氏**　いやいや私はやらないけれど、尋ねられたら、意見くらいは言いますよ。でもやり過ぎたら役人の士気にも関わって、役人がだんだんおかしくなってしまうし、政治家の側にも妙なクセが付く。やらない方が良い。米国なんて〝猟官制度〟でしょ。省庁の局長以上は政治任用。一方の日本は成績や実績をきちっと評価していると建前では言っているけれども、実際はそうでもないところもあった。

――安倍政権時代、当時の安倍晋三首相、菅義偉官房長官による記者会見が批判を浴びた理由が幾つか指摘されています。

**片山氏**　記者も本当に必要なことを必ずしも全部聞くわけでなくて、私利私欲ならぬ〝社利社欲〟みたいな部分もある。もちろん言う方は、我が党は我が内閣は、と自分側の宣伝をする。だから難癖はつけるけれど、それは仕方ないんじゃないの。仕切りの問題もあるね。だからそこは記者クラブと発表する側が調整するしかないんじゃないの。

　模範的な記者会見なんてあり得ない。都合の良いことを言いたがるし、都合の悪い質問は受けたくないのは当たり前だよね。逆に言えば、それをやって殊勲甲を挙げたいという記者側の思いもありますよ。メディア側も「第四の権力」ではなくて第一に近い権力になりつつあるのによくわかっていない、勉強不足で思い上がっている質問者もいる。政治の側は自分たちの良さをアピールするためにどうやって誇張して言うかを常に考えているわけで、互いの駆け引きじゃないのかね。

——政権与党の自民党は国政選挙や総裁選に際して「公平・公正・中立・平等」などの言葉を用いて報道各社に要請していますが、どのような狙いがあるとお考えですか。

**片山氏**　それは最近でしょ。かつてはあまりなかったね。長期政権で自信を持ったからよ。ある程度、影響力を維持して、メディアに言うことを聞かせることができるということかもしれない。しかし同時にそういう文書を出すのは自信がないからかもしれない。「公正・公平」じゃないと、自分たちは思っているから「公正・公平でやれ」と言うんだ。

——メディア側に萎縮させる効果があると思いますか。

**片山氏**　私はあまりないと思うけれど、あるという人もいるかもしれないな。社によって違うんじゃないの。余計、意固地になる社もあるだろうし、まぁ適当に聞いておくかという社もあるだろう。政権側もある程度の影響を計算して言っていると思うけれどもね。だから、受け取る側も同じじゃないの、格好だけ聞いておくかとか。同じ社内でも現在の報道姿勢に反対する立場の人間もいるだろうしね。社内の権力争いもあって、一概には言えないでしょうな。

## まとまったら怖いから分断

――報道の立場としては、チェックを受ける側の政党が逆にチェックをしてくるのはおかしいと。民主主義のルール違反との意見もある。

**片山氏**　そんな模範的な民主主義なんかないんですよ。それはメディアの皆さんがその方が都合良いから言っているのであって、本当の「公正・公平」なんて何が本当かはわからないですよ、相対的なものだからね。自民党が言ってくるのはやむを得ないんじゃないの。それに対して、別に全部聞く必要もなくて、「あぁ、言っているな」と思えばいい。「模範的な民主主義」がどんなものか、私は知りませんけれどもね。常に多数を取って、政権を維持したいと考える政権維持の本能からすれば、自民党が言う「公正・公平」が本当の公正・公平かどうかはわからない。皆さんの考える「公正・公平」も別かもしれない。「公正・公平」は幾らでもあるんですよ。

――その意味で言うと、第一次・第二次安倍政権以降、メディアへの政権の介入が強まったとの指摘があります。そうした傾向について何か感じることはありますか。

**片山氏**　第一次の失敗を第二次に生かしたんですよ。安倍政権のメディア対応・管理が非常にうまくなった。第一次はマスコミに過大にやられたという気が本人にあったと思う。だから、そこは丁寧にやる、コミュニケーションを良くしようと。首相の動静欄を見てごらん。上とは酒を飲んで、下にも時々ごちそうし、時には脅かしつつ、ネタを出して……。メディアの側も上手に使われている。共存共栄。メディアの方も良くないのよ。もちろんネタを取る目的もあるし、他社との競争もあるしね。メディア側だって脅し方はいろいろだけど、やっぱり脅すんだよ。

――「第四の権力が第一の権力になっている」という意味ですか。

**片山氏**　まとまった権力じゃないけどね。バラバラ、競争している権力なんだよね。でも、まとまったら怖いから、権力側も分断するようにしているのでしょ。民主主義社会はメディアと権力の関係がいちばん難しく大きいでしょうね。中国や北朝鮮ではそういうことはありえない。それからすると、メディアの人は幸福だと思わなければね。これだけ勝手なことを自由に言ってね。褒められはしても捕まったりすることはありませんわな。だから、民主主義を守らなければならない。

――安倍前政権のメディア統制の要は、菅官房長官だったと言われます。一部のメディアに「忖度や弱腰が目立つ」との指摘もありますが背景には何があると分析されますか。

**片山氏**　メディア対応は官房長官の仕事だよね。ただ、八年近くやったわけだが、上手になっていないわね。陰でいろいろやるのはうまいかもしれないけれど、表では記者会見は少なくしたい、答弁は丁寧にしたくないように見える。まぁ、なるべく言いたくない、という部分は皆あるんだけどね。それでも言う人と、言わない人がいる。その態度が菅さんは正直じゃないの。でも、何か言われたからといって、記者さん側が弱腰になってはいないでしょ。有名人になって、嬉しがっている人だっている（笑）。

## 制度とは相対的なもの

――改めてなのですがＮＨＫと政治の距離の問題で、最高意思決定機関の経営委員会の委員は国会の同意を得て総理が任命する仕組みですが、このため人選に政権与党の意向が反映しやすいとの指摘があります。

**片山氏**　難しいですよ、公共放送は。政権がそこまで介入していないけれどどね。経営委員の候補案は、役人が選ぶんですよ。私が総務相時代には、総理大臣の森喜朗さん、小泉純一郎さんに説明したけれども、それほどの強い関心を示されなかったし、国会承認の際に各党も詳しくチェックなんてしなかったね。いずれにしても、役人としては「中立・公正」で取り入りそうな人を選ぶんだよ、濃い味を出さないようにね。

――ただ、首相が経営委員を選べたり、行政指導をできたりすると、その手法を多用しようとする大臣も当然出てきます。典型的なのが菅義偉総務大臣でした。行政指導はそれまで三〇件あり、うち六件が菅大臣の時代です。経営委人事でも、当時の安倍晋三首相の「お仲間」と見られた人が、未経験のままトップになる仕組みは、視聴者からすると、学術会議の任命問題と同様に違和感を覚えます。そうした権限行使のあり方をどうお考えですか。

**片山氏**　そんなものは固定でもないし、制度というのは相対的なもので、今の制度がいい、と言う人は守ろうとするし、変えた方がいいと言う人の声がだんだん大きくなっていけば、変わっていくものなんですよ。一遍できた法律を直すのは、そう簡単にはいきませんよね。よく多くの人が「賛成だ」と言うけれども、大抵の場合、少数派なんですよ。本当に声が大きくなったら、変わってゆくんです。いろいろな意見があって、集約して物事を決めていくのは難しい。しかし、おかしいことがあったら、世の中通りませんよ、時間はかかりますけど、必ず変わってゆきますよ。

――かんぽ生命保険の不正販売を報じたNHK番組をめぐって、経営委員会が日本郵政グループの抗議に同調して、当時のNHK会長を厳重注意するという、放送法に抵触する疑いも報じられました。

**片山氏**　かんぽの問題でしょ。あの日本郵政の鈴木康雄（当時は副社長で元総務事務次官）も、監督する側の総務事務次官の鈴木茂樹。どちらも（旧郵政の）鈴木姓だけど、よく知っていますよ、私の部下だったんだから。

仕事に一生懸命だから、役人ＯＢはこういうことをするんですよ。それだけ仕事にこだわりを持っているんだけどね。あまり良くないことでしょうな。

## 独立行政委員会制度は無責任になる

――総務相だった高市早苗氏がＮＨＫ問題に関連して、四年半前の二〇一六年二月に放送法四条違反を理由に、電波法七六条を根拠にした放送局に対する電波の停止処分に国会で言及したことがあります。

**片山氏**　法律違反があれば、の話よ。彼女も二回、総務大臣をやっているので詳しい。ＮＨＫや放送についても一見識ありますよ。偏っている、との一言で片づけるような話じゃない。法律に違反したら、いろんな処置がある、電波を取り上げる、停波することもあり得ると言っただけで、いかにもそうやるぞと書かれたわけだね。そんな妙なことを、大臣経験者や現役大臣がやるはずがない。引っかけられたんだな。電波を勝手に止めるなんてできるわけがない。力関係でも考えてごらん、そんなに大臣なんて強くないですよ。

――放送法四条は倫理規定であって……。

**片山氏**　法律なんだから倫理規定じゃないんだよ、ただ法律そのものだけれども、倫理的に扱うべきなんだよ、慎重に。最大限の緊張感を持つと。簡単にすぐどうにかするような条文じゃないんだよ。それはしかし、倫理規定じゃない。実行できる規定ですよ。

――政府が「法規範性を有する」と言う。

**片山氏**　法律は規範なんだから、守らなければ罰せられるんだ。そんな宣言みたいなことを書くわけがないんですよ。それをいかにもやりそうだと、ワァーと報じたわね。しかも今のメディアが良くないのは一社がやると、詳しく検討もせずに後追いする。競争になるんだよ。

――放送倫理・番組向上機構（ＢＰＯ）に法的根拠を与えようという論議もありますね。

**片山氏**　誰がそんなことを言うんですか、今は誰もそんなことを言っていない。自主規制なんです、あくまでも。倫理的にやるんですよ。自らやるのがいいんじゃないの、という歴史的な経過があるんです。法的にやるのであれば、そのために大臣がいるんです。すぐに米国では（政府から独立した行政）委員会方式だと言うけれども、委員会は〝中立公平〟に見えて、実際は無責任なんですよ。ものが決まらない。終戦の時にＧＨＱ（連合国最高司令官総司令部）がたくさん持ち込んできたけれども、結果的に委員会制度をやめるか、もしくは日本型に変えていった歴史があるんですよ。委員会自体に権限を持たせずに、意見を聞くようなものに変えていったんです。だから、ＮＨＫの経営委員会なんかは残っているほうだわ、人事権・監督権があるもの。ああいうものは機能しない。皆さんは機能すると思うかもしれないけれど、よくご存じないからでね。それよりは誰かに責任を持たせてやらせて、問題を起こしたら追及して、辞めさせたらいいんです。あとは選挙で判断するんですよ、それが民主主義なんです。

――受信料値下げ問題に関して、安定した経営基盤があってこそ、ＮＨＫが報道機関として信頼されるとの考え方と、政権からの距離を適切に保つために制度的な保障も必要だとの考えもあります。

**片山氏**　受信料はね、公共放送だから仕方ないんですよ。よその国は義務化しているんですよ。日本だけでしょ、こんな中途半端なことをしているのは。私はこれまで何度も義務化すべきだと言っているんですよ。全体の二割は岩盤のように払わない者がいるんです。金がないからではなく、主義主張の問題で、いろんなことが気に食わないから頑として払わない。だから二割分集金できたら、同等以上安くなるはずです。今度、放送センター建て替えるけど多額の積立金、繰越金を持っているうえに、多くの子会社も儲けている。だから国会（二〇年四月一六日参議院総務委員会）で私は前田晃伸会長に「あなたは銀行からＮＨＫに来たそうだけど、ＮＨＫはいやに金持ちだと思わないか」と質問したら「特にそう思いませんけどね」と答えておったけどね。私は「義務化をして、二割以上値下げするために余剰金を全部吐き出すべきだ」と主張したんです。ＮＨＫは民放と視聴率競争で一番になりたいんですよ。ニュースや災害情報、教養などでやるのはいいが、娯楽番組で民放と競争する必要はないでしょう。任せたらいいんですよ。それでも義務化をしたくないんだな。

ＮＨＫは集金のために、逆に莫大な金を使っているんです。そんなことは義務化したら一発なんですよ。「義務化したら、視聴者とのつながりがなくなる」なんて反論するけれども、つながりは他でつくったらいいんだ、メディアなんだからね。子会社をたくさん持っているのも、退職者の就職先がいるからなんでね。ある程度は理解できるが、自分でやればいいものを、かなり高給を払って、子会社にやらせているんだな。うま味があるんですよ。いろいろ使えるしね。だから、やり直さなければ駄目ですよ。番組内容も含めて、きちんとした方がいい。電波も持ち過ぎですよ。そして外国へのコンテンツの売り込みに励んで、海外で日本の放送を見せる努力をしてほしいですね。

## 法整備がついていかない

――二〇一八年春の規制改革会議で放送法四条をなくして、放送法はＮＨＫだけにすればいい、という議論がありましたね。

**片山氏**　ネット論者ですよ。私は国会の委員会でも、党首討論でも反対しました。あの放送法四条は表現はともかく、よくできているからね。公共放送としては最低限の義務ですよ。ネット論者は、もっと力をつけたい、儲けたいのかわかりませんが、放送と通信の垣根をなくして、同じにしたらどうかと言う。ネットは通信ですからね。一対一で自由、放送は不特定多数だから制約を加えると。だから放送をやめて、全部ネットにしちゃえという論理で、制約をなくせと。これは弱肉強食の最たるものですよ。ネットに出ると若者に評判が良いから、安倍さんはその案に乗りかけたが、自民党内からも反対されたでしょ。

――広告費を含めたネットの伸張でメディアの行方をどう見ますか。

**片山氏**　購読部数や視聴率と言いますけどねえ、どちらもよく実態はわかりませんわな。一方でネットは長く深く、ということは向かないんですよ、フワフワしていてね。みんな、本や新聞を読まなくなったら、先々どうなるんですかね。私は活字人間だからね。

――ネットは「フェイク」も拡散し多大な影響を与えてしまいます。

**片山氏**　しかも罰せられないでしょ。生死に関わることは今どうやろうかと議論していますね。さすがに放送はそんなことは許されないし、できないけれど、ネットは通信だからできてしまう。国民の間に問題意識が高まって、国会の議論に反映しないといけないですね。それが高まるかどうかですな。まだ今はそういう感じはしませんねぇ。

――ネットに規制をかけるという流れになりますか。

**片山氏**　最小限にはかけているでしょ。嘘を言うとか、人命に関することとか、それ以上のことができるかどうかですよ。それに放っておけば、また技術が進んでいきますからね。5G、6Gとかね、そうなると法制がついていかない。どんどんネット社会が進展してゆくわけで、世界の動向を見つつ、しっかり考える必要がありますね。

## 菅首相長男は「利害関係者」

――ここに来て、放送事業会社・東北新社に勤める菅首相の長男正剛氏らの接待を受けた谷脇康彦・総務審議官（後に辞任）ら幹部が処分され、総務審議官出身の山田真貴子・内閣広報官（当時）も高額接待を受けたことが判明し辞任しました。一連の問題を考えるに、菅首相の強い影響力があり、規範意識より忖度が優先して働いた帰結との指摘があります。

〈片山氏に最初にインタビューした二〇年一二月時点では、東北新社による総務省幹部への高額接待問題や放送法違反（外国資本出資規制違反）問題は未発覚（『文春オンライン』が二〇二一年二月三日に初めて配信）だったが、二一年三月に追加取材した〉

**片山氏**　詳細を知らないが、東北新社の幹部（後に二宮清隆社長が辞任）らとは以前からの知り合いだった関係で会合の回数が増えたのではないかね。そこに息子さんが入社したので、会合に呼んだのではないですか。民間人からすれば、コネを使って〝優遇〟してもらえるのでは、と考えがちですが、そんな明々白々のことをやらない、後から必ずバレますから、官僚側がそれで甘いさじ加減をすることは普通はあり得ないですよ。ただ、正剛氏は元総務大臣、現役の官房長官（当時）の息子さんなので「利害関係者」に当たります。官僚はそうした関係性に敏感だから、どうしたものかと考えるわけで、今回はちょっと用心が足りなかったんだろうな。ただ、役人側からそんなに仲良くなろうとは思わないはずで、むしろ会社の方が連れ出した感じでしょうかね。民間との会合、交流はあってもいいかもしれないけれども、どうしてもなければ困るということでもないんだよ。

――接待を繰り返されたのは、旧郵政省系が放送行政の許認可権を握っているからだと指摘されています。改めて旧電波監理委員会のような独立機関を設ける必要はありませんか。

**片山氏**　先に申し上げた通り、私はまずやる意味がないと思っています。無責任になってしまうんですよ。専任の大臣ならば責任を持つし、物事も早く決められる。民間の委員をどこから複数連れてきて合議して決めるやり方は、日本では機能しません。結局決まらないので事務局である役人の言いなりになる。今度の問題はそれとは全く関係ないですよ。

# 4―1「総務省文書」とは何か

安倍晋三政権が放送局への威嚇を狙った放送法四条の政治的公平をめぐる二〇一五年の解釈変更には、安倍首相の補佐官を務める総務省（旧自治省）出身の礒崎陽輔・前参議院議員（二期、一九年七月落選）による総務省に対する露骨な働きかけがあったことを示す同省の内部文書の存在が明らかになった。文書はＡ４判で、七八ページにも及び、「取扱厳重注意」と赤い文字で記されたものも含まれていた。

総務省は一九六四年以来、政治的公平について解釈する場合、「一つの番組ではなく、放送事業者の番組全体を見て判断」としてきたが、当時の高市早苗総務大臣（現・経済安全保障担当大臣）が一五年五月一二日の参議院総務委員会で「一つの番組」と答弁し、範囲を狭めた経緯がある。政府側の立場である礒崎氏に代わって藤川政人参議院議員（自民党）が質問した。

安倍政権が政治的公平を盾に放送局に恫喝を繰り返してきたことは本書で何度も取り上げているが、その手法をさらに使い勝手の良いものにする思惑があったようだ。一連の文書は、総務省放送政策課長補佐を務めた経験のある小西洋之参議院議員（立憲民主）が二三年三月に公表した。「総務省文書」をどう読み解くべきなのか。

政府は高市氏の答弁を「補充的な説明」と表現しているが、本書では実態を踏まえ「解釈変更」とし、礒崎氏は「意見交換」と説明しているが、「働きかけ」として進める。まずは、この文書の内容を検証したい。

## 浮き彫りになった放送法の構造的欠陥

総務省の内部文書の存在が明らかになったのは二三年三月二日。小西洋之氏が国会内で記者会見を開き、文書を配布した。小西氏は同省の職員から「このような国民を裏切る違法行為を見て見ぬふりをすることはできない」と託されたという。同七日には松本剛明総務大臣が「すべて総務省の行政文書である」と認め、同じ文書を公表した。

文書が最初に記した出来事は、礒崎陽輔氏が一四年一一月二八日に、「政治的公平」について安藤友裕・情報流通行政局長（現・NTTコミュニケーションズ常務執行役員）に説明を求めた際のやりとりだ（礒崎氏は二日前の二六日に総務省に説明を求める連絡をしていた）。

礒崎氏は、「けしからん番組は取り締まるスタンスを示す必要がある」とメディアへの敵意をむき出しにする発言をしたとされ、「礒崎補佐官は一一月二三日（日）のTBSのサンデーモーニングに問題意識があり、同番組放送後からツイッターで関連の発言を多数投稿」と記した。

この日の番組には、岸井成格・毎日新聞特別編集委員（TBS「NEWS23」のニュースアンカー）、写真家の浅井愼平氏、評論家の寺島実郎氏、作曲家の三枝成彰氏らが出演し、翌月に控えた衆議院選（一二月二日公示、一四日投開票）などについてコメントしていた。

文書が言及した礒崎氏のツイートは、次のような内容だった。

《仲良しグループだけが集まって政治的に好き放題言うような番組が、放送法上許されるはずがありません。今の立場では余り動けませんが、黙って見過ごすわけにはいきません》（同二四日）。

一一月二八日、礒崎氏は「これまでの解釈を改めろと言っているのではなく、もう少し説明を加えてくれという話」と安藤氏に意図を説明したが、変更する解釈の表現内容を詰める過程では、安藤氏が高市氏の受け止めとして放送事業者に対する「効き過ぎる可能性」への懸念に言及すると、礒崎氏は「そりゃ効くだろう」と狙いを隠さなかったらしい（一五年二月一七日）。

一方、礒崎氏は総務省側の行動にはくぎを刺す。安藤氏が安倍首相への説明前に、菅義偉官房長官へ話すよう進言すると、「この件は俺と総理が二人で決める話。俺の顔をつぶすようなことになれば、ただじゃあ済まないぞ。首が飛ぶぞ。もうここ（注・官邸）にも来ることができないからな」などと恫喝する様子も記録されている（一五年二月二四日）。

総務官僚にとってはあり得ない話ではなかった。菅氏は第一次安倍政権で総務大臣だった〇七年三月、持論であるNHK受信料の値下げに反対だとみなした南俊行・放送政策課長を更迭した過去があり、現実に起こり得る悪夢と受け止めたに違いない。権力を私物化する安倍政権を描いたドキュメンタリー「妖怪の孫」（内山雄人監督、二三年三月一七日公開）の中で、匿名の官僚が、幹部人事権の独占によって官僚は安倍政権の言いなりになったと証言していたのは真実なのだろう。

安藤氏の怯えぶりは一五年一月二九日に礒崎氏に説明した際にも見て取れる。安藤氏は「当方としては、本件は政務にも一切上げずに内々に来ており、今回の整理（注・解釈変更）については高市大臣のご了解が必要」として、認識合わせまで文書には残されていた。安藤氏が高市氏に報告したのは二月一三日。礒崎氏に初めて面会してから三カ月もあとだった。

ところで衆議院選を控えたこの時期、本書で既に触れているように自民党は放送局への圧力を加えていた。

安倍晋三首相は一四年一一月一八日に記者会見し、消費税一〇％への引き上げを一年半先送りするとともに、衆議院の解散を表明した。自民党の選挙キャッチフレーズは「景気回復、この道しかない」。衆議院選の争点の一つは、約二年間続いた「アベノミクス」の評価だった。同月一八日、安倍首相はＴＢＳの報道番組「ＮＥＷＳ23」に生出演した。その際に流れた「街の声」に否定的な声が多かったことに反発。「これ、おかしいじゃないですか」と編集を批判し、延々と反論した。

この出来事を受け、自民党は萩生田光一筆頭副幹事長、福井照報道局長の連名で「選挙時期における報道の公平中立ならびに公正の確保についてのお願い」と題した文書を二〇日に在京民放キー局の編成局長、報道局長宛てに出し、街頭インタビューの取り上げ方にも注文を付けていた。さらに自民党はテレビ朝日の「報道ステーション」が「衆院選企画」として二四日に放送したアベノミクスを検証する特集にもかみついた。豪華客船での船上パーティーが繁盛するなど富裕層には恩恵が及んでいるが、低所得者層には届いていないという内容。福井照報道局長名で「貴社の一一月二四日付『報道ステーション』放送に次のとおり要請いたします」とのタイトルの文書を作成し、「担当プロデューサー」宛てに二六日付文書を出した。

こうした中での礒崎氏の動きに対し、懸念を示す声は官邸内にもあった。その一人が総務省（旧郵政）出身の山田真貴子・首相秘書官だ。二〇年九月に発足した菅政権で女性初の内閣広報官となったが、翌二一年二月に菅氏の長男正剛氏（菅総務大臣時代には「大臣総務秘書官」を務めた）が勤務する放送事業会社の「東北新社」から高額接待を受けていたことが発覚し、辞職に追い込まれた人物だ。

山田氏は、安藤氏からの報告（一五年二月一八日）に対して「今回の整理は法制局に相談しているのか？　今まで『番組全体で』としてきたものに『個別の番組』の（政治的公平の）整理を行うのであれば、放送法の根幹に関わる話ではないか。本来であれば審議会等をきちんと回した上で行うか、そうでなければ（注・放送）法改正となる話ではないのか」「だいたい問題になるのは『サンデーモーニング』『ニュース23』『報道ステーション』だろうが、国民だってそこまで馬鹿ではない。今回の件は民放を攻める形になっているが、結果的に官邸に『ブーメラン』として返ってくる話であり、官邸にとってマイナスな話」と疑問を呈している。さらには礒崎氏の人物評にも触れ「礒崎補佐官は官邸内で影響力はない。よかれと思って安保法制の議論をする前に民放にジャブを入れる趣旨なんだろうが、視野の狭い話。政府がこんなことしてどうするつもりなのか。言論弾圧ではないか」と切り捨てていた。こうした認識を踏まえ一五年三月二日のレク文書に付属した「山田秘書官対応について（案）」という総務省の文書には、「現在のメディア環境が政権に好意的なものであることは事実。（注・礒崎補佐官による）総理レクの前に、『官邸にとってはマイナスであり、やらないほうが良い』旨を総理にご進言いただく」「総理レクの現場でのご対応となるが、『政権全体のメディア担当である官房長官とも十分なご相談が必要である』旨をご発言いただく」との山田氏を通じた巻き返し策が書かれてあった。山田氏の目には放送局は本気で政権にかみつくような存在ではないと映っていたのだろう。

三月五日の総理レクの結果はどうだったのか。

山田氏から安藤氏への電話報告を記録した文書によると、経済産業省出身の今井尚哉首相秘書官も同席し、二人は「メディアとの関係で官邸にプラスになる話ではない」等と縷々発言したという。しかし、「これらの発言にもかかわらず、総理は意外と前向きな反応」だとし、安倍氏は「政治的公平という観点からみて、現在の放送番組にはおかしいものもあり、こうした現状は正すべき」と発言。逆に戦前日本による台湾統治を検証したNHKスペシャル・シリーズ「JAPANデビュー」の第一回「アジアの〝一等国〟」（二〇〇九年四月五日放送）を持ち出し、「明らかにおかしい。どこでバランスを取っているのか」と批判した。安倍氏と歴史観の近い人たちも偏向だと主張していた。

総務省側の抵抗は敗北に終わり、三月六日に総理レクの結果を聞き取りに行った安藤氏らに対し礒崎氏は「山田秘書官は抵抗しすぎだったな」と振り返る。「サンデーモーニングは番組の路線と合わないゲストを呼ばない。あんなのが（番組として）成り立つのはおかしい」と繰り返した。

安倍氏の意向を踏まえ、参議院総務委員会での高市氏の大臣答弁（五月一二日）に向けた実務作業が加速した。

《一つの番組のみでも、国論を二分するような政治課題について、放送事業者が一方の政治的見解を取り上げず、殊更に他の政治的見解のみを取り上げてそれを支持する内容を相当の時間にわたり繰り返す番組を放送した場合のように、当該放送事業者の番組編集が不偏不党の立場から明らかに逸脱していると認められる場合といった極端な場合においては、一般論として政治的に公平であることを確保しているとは認められないものと考えます》

高市氏の国会答弁は、礒崎氏側と総務省が事前に打ち合わせた通りであった（高市氏は、自分にかかわる四つの文書については「捏造」だとして認めていない。事実でない場合、議員辞職にも言及した）。

礒崎氏は当日（五月一二日）、次のようにツイートした。

《従来はその放送事業者の番組を総合的に見て判断するとしていたのですが、極端な場合は一番組でも、政治的公平性に反する場合があるとしたのです》

たった一人の補佐官が法制局や大臣抜きで押し切った勝利宣言のようにも、放送局への宣戦布告のようにも読める。ただ、高市氏の答弁に対して、山田氏が懸念したようなメディアの反発はすぐには出なかった。

五月一三日の文書は「『切り抜き』記事を見る限り該当する報道は見受けられない。『政治的公平』等で検索する限り該当するものは見受けられない」と報告。直後の総務大臣記者会見でも質問は出ていない。

メディアが大きく取り上げるのは、高市氏の答弁が、翌一六年二月に政治問題化した停波発言に結び付き、「政治的公平の解釈について」（政府統一見解）として固められてからだった。停波発言に民放労連や報道番組に出演するジャーナリストらは反発したが、経営者の反応は鈍かった。例えば、当時の井上弘民放連会長（TBSテレビ会長）は「あまりに不公平な番組を放送すれば、視聴者は離れていってしまう。常に視聴者のことを考えて番組を制作していれば、現場は委縮などしないのではないか」と一六年三月の記者会見で述べている。こうしたなんとも歯がゆい発

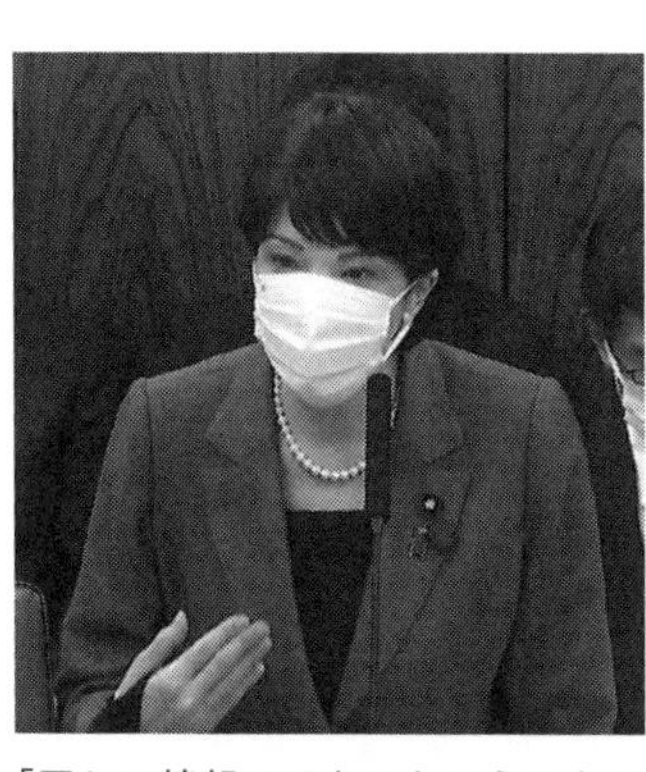

「正しい情報ではないということで（自分がかかわる４つの文書は）捏造と申し上げております」。高市早苗氏（内閣府特命担当大臣）は2023年３月８日の参議院予算委員会で小西洋之氏の質問にそう答弁した＝写真は同９日の参議院内閣委員会（参議院インターネット審議中継から）

言こそ、「効き過ぎる可能性」の結果ではないだろうか。

岸田文雄首相は二三年三月六日の参議院予算委員会で「従来の解釈を変えることなく、補充的な説明を行ったものだ。報道の自由への介入といった指摘は当たらない」と答弁した。しかし、現実には礒崎氏の狙い通りの委縮効果は、是枝裕和氏や川端和治氏がかかわった、放送倫理・番組向上機構（BPO）の放送倫理検証委員会が「2016年の選挙をめぐるテレビ放送についての意見」（一七年二月七日）のなかで「選挙期間中に真の争点に焦点を合わせて、各政党・立候補者の主張の違いとその評価を浮き彫りにする挑戦的な番組が目立たないことは残念と言わざるをえない」と懸念する形で現われたと言える。岸田首相は拒否したが、まずは高市氏の答弁を撤回すべきだろう。

そもそも礒崎氏と総務省には共通した「誤り」がある。それは、政治的公平を定めた放送法四条を根拠に総務大臣がその有無を判断できると考えている点だ。旧郵政省がそう断言したのは、江川晃正・放送行政局長による「最終的には郵政省において判断する」との衆議院逓信委員会での答弁（一九九三年一〇月二七日）。テレビ朝日報道局長が民放連の会合で「非自民党政権が生まれるように報道するよう指示した」などとした産経新聞報道に関連した質問の中だった（実際にはそう発言したような事実はなかった）。

それでは、それまではどのように考えられてきたのか。例えば、広瀬正雄・郵政大臣が「放送の番組の自由というようなことがございますので、簡単に触れられない、いわゆるタブーだと私どもは考えておるわけでございます」（衆議院逓信委員会、一九七二年三月一五日）と答弁しているように、番組内容については放送事業者の自主性に委ねてきていた（参照・第三章「広瀬道貞・元民放連会長が明かす放送倫理検証委をつくったわけ」）。

こうした運用は、政府から独立した行政委員会がつかさどる欧米や韓国などとは異なり、日本の放送行政は大臣が直接所管するため、その時々の政権の思惑を受けやすいことに配慮したものだ、と考えられてきた。安倍政権下では懸念されたように、安全保障、選挙制度担当という権限がないはずの補佐官でさえ一人で放送法の解釈変更が可能だった。

当時の「表現の自由」をめぐる状況を来日調査（一六年四月）した国連人権理事会・特別報告者のデビッド・ケイ米カリフォルニア大学教授が「政府から独立していない機関は、何が公平かを決定する立場にあるべきではない」と批判し、人権委員会に提出した報告書（一七年六月）には「放送法第四条の見直し及び撤廃を勧告する。この措置と並んで、特別報告者は、政府に対し、放送メディアに関する独立規制機関の枠組を構築することを強く要請する」と明記した（外務省は報告書が、自民党による文書での放送局に対する要請などを批判的に記載したことに対して「日本においては、憲法の下、報道の独立性を含む表現の自由が最大限保障されており、政府及び与党関係者が違法・不当に圧力をかけたという事実はなく特別報告者による指摘は当たらない。特別報告者が表明した報道の独立性に関する懸念の根拠となっている事例は、その多くが伝聞や推測に基づくものであり、また各事例の詳細な検証もなされていない。最終的に国連に提出される報告書は客観的事実や分析に基づくものとなるよう求めたい」と反論している）。

総務省の内部文書は、そうした日本の放送制度が抱える構造的な欠陥も浮き彫りにした。

## 在京六紙の論調は？

岸田首相が答弁したように従来の解釈を変えていないのだとすれば、放送法が定める政治的公平をめぐり、高市早苗氏の「一つの番組のみでも、極端な場合においては、政治的に公平であることを確保しているとは認められない」とする参議院総務委員会（二〇一五年五月一二日）での答弁は事実上、修正されたことになるのだろうか。

小西洋之氏が入手した文書には先に示したように当時、安倍晋三氏の首相補佐官だった礒崎陽輔氏が解釈変更を働きかけた経緯が詳細に記載されている。

二三年三月一七日の参議院外交防衛委員会では小西氏の質問に、山碕良志・総務省大臣官房審議官は「一つの番組ではなく一つ一つの番組の集合体である番組全体を見てバランスが取れたものであるかどうかを判断する」と答弁。一つの番組のみで判断するような法理や国会答弁、政府見解の有無を繰り返し尋ねられると「ございません」と明言した。高市答弁とは明らかに異なる内容だ。

朝日新聞はこの答弁を社説（三月二四日）で取り上げ、「撤回や修正といった言葉を使っていない。官僚による非常にわかりにくい説明で済ませようとしており、問題が大きい」と指摘し、「国

表１　第二次安倍政権と放送をめぐる主な出来事（2013 年６月～16 年４月）

| | |
|---|---|
| 13 年　6 月 | TBS の「NEWS23」をめぐって自民党の小此木八郎・筆頭副幹事長が同局に抗議。 |
| 7 月 | 参議院選で自民党が勝利 |
| 11 月 | 安倍晋三首相はＮＨＫ経営委員に自らに近い百田尚樹、長谷川三千子、中島尚正、本田勝彦の４氏を任命。 |
| 12 月 | 特定秘密保護法が成立 |
| 14 年　1 月 | ＮＨＫ会長に籾井勝人氏が就任し、記者会見での「政府が右と言うものを左とは言えない」との発言が波紋。 |
| 7 月 | 集団的自衛権の行使を容認する閣議決定。ＮＨＫ「クローズアップ現代」（クロ現）に出演した菅義偉官房長官への国谷裕子氏からの閣議決定に関する質問に官邸がクレーム、と報じられる。 |
| 8 月 | 朝日新聞は過去の「慰安婦」報道を検証し、一部の記事を取り消す。 |
| 11 月 | 自民党の萩生田光一・筆頭副幹事長らが在京民放キー局、テレビ朝日「報道ステーション」（報ステ）プロデューサーに公平公正を求める文書。礒崎陽輔・首相補佐官が政治的公平の解釈変更を総務省に求める。 |
| 12 月 | 衆議院選で自民党が勝利 |
| 15 年　3 月 | 「報ステ」のゲストコメンテーターだった古賀茂明氏が降板。『週刊文春』が出家詐欺を取り上げた「クロ現」（14 年５月放送）での「やらせ疑惑」を報道。 |
| 4 月 | 自民党の情報通信戦略調査会が NHK とテレビ朝日の幹部を呼んで事情聴取。高市早苗総務大臣は出家詐欺問題で NHK に対して行政指導（厳重注意）。民主党政権ではなかった放送局への行政指導が復活した。 |
| 5 月 | 高市大臣が「一つの番組のみでも不偏不党の立場から明らかに逸脱していると認められる場合、政治的に公平であることを確保しているとは認められない」と答弁。 |
| 9 月 | 安全保障関連法が成立 |
| 11 月 | 放送倫理・番組向上機構（BPO）の放送倫理検証委員会が意見書で、NHK に厳重注意したことを「遺憾」だとし、自民党が NHK、テレ朝を呼んだことにも「政権党による圧力」と批判した。意見書は放送法４条の規定について「総務大臣が個々の放送番組の内容に介入する根拠ではない」と批判。高市大臣は記者会見で「放送法に抵触する点があったことから必要な対応を行った」と反論。衆議院予算員会では「総務大臣は電波法第 76 条に基づき運用停止命令を行うことができる」と答弁した。 |
| 11 月 | 「放送法遵守を求める視聴者の会」が岸井成格氏を念頭に「私達は、違法な報道を許しません。」とする全面広告を『読売』『産経』に掲載。 |
| 16 年　2 月 | 朝日新聞が高市大臣の衆議院予算委員会での停波発言を朝刊１面で報道。政府が政治的公平をめぐる解釈の統一見解を出す。 |
| 3 月 | 「クロ現」の国谷裕子氏、「NEWS23」の岸井成格氏、「報ステ」の古舘伊知郎氏が降板。 |
| 4 月 | 国連人権理事会・特別報告者のデビッド・ケイ米カリフォルニア大学教授が来日し、「表現の自由」状況について調査。17 年６月の報告書で「政府から独立していない機関は、何が公平かを決定する立場にあるべきではない」と指摘。放送法４条の廃止にも言及。 |

民や放送事業者がまぎれもなく理解できるよう、岸田首相や松本剛明総務相ら政治家が責任をもって説明するのが筋ではないのか。高市答弁を撤回し、いかなる場合でも一つの番組だけで判断しないとの解釈を、あらためて明快に述べるべきだ」と主張した。

東京新聞の社説（三月九日）も「不当な新解釈は撤回すべきだ」とし、解釈変更について「国会には礒崎氏を証人喚問し、真相を解明すべき責任がある」と指摘した。表現の自由をめぐっては朝日、東京と足並みが揃うことの多い毎日新聞の社説は三月八日、一二日、一八日と三回も総務省文書問題を取り上げているが、「政治が番組に圧力をかけようとするに至った経緯について、当事者は国会で説明すべきだ」（八日）にとどまり、撤回には言及していない。「公文書や官僚への信頼を自らおとしめる言動である。閣僚としての資質を疑わざるを得ない」（一八日）と関心は文書を捏造だと決めつける高市氏の態度に向けられている。その後、四月一九日になってようやく「そもそも『政治的公平』を政府が判断する現在の仕組みが適切なのかが焦点だ。解釈を元に戻すだけでは十分ではない」「もし政府が番組内容を判断できるということであれば、憲法二一条が保障する『表現の自由』を制限することになりかねない。行政府から独立した規制機関の設置も検討すべきだろう」と主張した。

日本経済新聞の社説（三月一〇日）も当初の毎日新聞に近く、「政府は事実を解明するとともに、行政文書の正確な記録と保存、開示を徹底してもらいたい」。

一方、読売新聞社説（三月一五日）は「ある番組が賛成、反対いずれにせよ、特定の政党の主張に沿うような意見だけを取り上げた場合、政治的に公平だとは言えまい」とし高市氏の答弁と同じ考えのようで、さらに「与野党は、放送局の政治的公平性をどう確保していくべきか、具体的に論じることが大切だ」と政治家に政治的公平の判断基準を作ることを促している。メディアからのチェックを受ける政治家がチェックのルールを作ることこそ非民主主義的ではないだろうか。産経新聞の主張（三月一九日）は、岸田文雄首相が高市氏の答弁撤回を拒否したことについて「首相が、撤回する必要はないという考えを示したのは妥当である」と支持し、その理由を「一つの番組であっても、『不偏不党』というあるべき姿に鑑みて許されないのは当たり前ではないか」とした。

在京六紙の社説に共通するのは、そもそも政権（政治家）が政治的公平を判断する現行の放送制度の問題点に疑問を呈していないか、とても弱い点だ。

グレッグ・ダイク元BBC会長は、TBS「報道特集」（三月二五日）のインタビューに、イラク戦争報道を非難するブレア首相（当時）に「あなたに公平性の判断を任せられない。（判断が）できるのは我々だけだ」と反論した過去を明かした。

一方、遠藤龍之介・民放連会長（フジテレビ副会長）、稲葉延雄NHK会長ともに三月の記者会見では総務省文書について揃って「コメントは控える」。日本の放送責任者の萎縮ぶりが際立つ。

臺　宏士

# 4―2　座談会「総務省文書」をどう読み解くべきか

放送法四条が定める「政治的公平」の解釈を変更し、従来よりも狭くして政府が番組内容に介入する権限を強めた二〇一五年五月の高市早苗総務大臣の国会答弁は、安倍晋三首相の補佐官だった礒崎陽輔氏（二三年九月に政界引退）の働きかけによるものだった――。二三年三月に発覚した総務省の内部文書から浮かび上がるのは、「一強」と呼ばれた長期政権に向けて勢いを増す安倍首相の権威を背景にした側近による強権的な「官僚支配」と「放送支配」への執着だ。明らかになった「総務省文書」をどう読み解くべきなのか。「そうだったのか！」ジャーナリズム研究会」で議論した。

**臺宏士**（司会）「総務省文書」の記録が始まる二〇一四年一一月は、本書で何度も言及していますが一四年一二月の衆議院選を控え、自民党がテレビ局に対して選挙報道をめぐって公平公正を求める文書を送り付けた時期と重なります。あからさまな介入に飽き足らず、「政治

民放各局の報道番組でキャスターなどを務めた鳥越俊太郎（毎日新聞出身）、田原総一朗（テレビ東京出身）、岸井成格（毎日新聞出身）、金平茂紀（TBS）、大谷昭宏（読売新聞出身）、青木理（共同通信出身）＝右から＝の６氏が揃って記者会見し、高市早苗総務大臣の「電波停止発言」に対して抗議を表明した＝2016年２月29日、東京都千代田区の日本プレスセンタービルで（メディア総合研究所提供）

的公平」の解釈変更まで安倍政権は乗り出していたということに驚きました。松原さんは、自民党から文書を実際に受け取った立場ですが、「総務省文書」をどのように受け止めましたか。

**松原文枝**　二〇一二年一二月に第二次安倍政権になって、特にこの総務省の文書にある衆議院選挙前から自民党によるテレビ局に対する「要請」という名のプレッシャーは露骨になってきました。在京キー局全局やテレビ朝日の報道番組「報道ステーション」には、「担当プロデューサー」（松原文枝氏）宛てに文書が来たことは、本章１「座談会　公平公正論を考える」でも述べました。法律の解釈変更などしなくてもテレビメディアに対してどうやれば萎縮効果があるかをわかっていたからだと思います。

そんな状況の中での磯崎氏が強引な解釈変更を総務省に求めていたことがこの資料で表沙汰になり、その内容に驚愕しました。

この文書を読むと、磯崎氏が二〇一四年一一月末から翌年二月末までのわずか三カ月間に総務省の担当局長らを官邸に呼び出し、何度も解釈変更を執拗に迫るやりとりが詳細に記録されています。それも高市総務大臣を差し置いていた。総務省側が放送法の立法主旨やこれまでの解釈を繰り返し説明するのに対して「無駄な抵抗はするなよ」などと脅しすかしながら文言を変えてゆく。そして国会答弁を引き出す「シナリオ」まで作る。その過程で「けしからん番組は取り締まる必要があるだろう」と言い放ち、最後はスタンドプレーに近い磯崎氏の提言を安倍総理が認める。暴挙としか言いようがない。

当時のテレビメディアをコントロールしたい、政府与党に批判的な論調を放送させないという安倍政権の本質を行政文書で裏付ける貴重な資料だと思います。

ただ、放送法四条の政治的公平性を「全体から一つの番組に」という国会答弁は大きな解釈変更ではありますが、さほどその時点では現場に影響がありませんでした。既に触れましたが、自民党幹部や郵政族議員たちからの裏からの圧力の方が現場への影響が大きかったからです。萩生田筆頭副幹事長らによる選挙報道への「要請文書」や、二〇一五年五月には放送行政を議論する自民党の「情報通信戦略調査会」から、NHKとテレビ朝日の幹部が呼びだしを受けたことなどです。情報通信戦略調査会での議論は、放送局に影響を及ぼすので、各社担当記者が必ず取材し会社に報告します、当時は、郵政族の川崎二郎氏や佐藤勉元総務大臣らが圧力をちらつかせるので、そこでの発言を注視していました。

中でも当時の菅官房長官は元総務大臣で、記者とのオフレコ懇談はもとより、表の記者会見でも放送法四条を引き合いに出すことがあり、テレビ局の幹部らを萎縮させる効果をもたらしました。その後も、情報通信戦略調査会では政治介入をちらつかせています。二〇二二年三月には当時の調査会長だった佐藤勉元総務大臣がBPO（放送倫理・番組向上機関）の人選に国会が関われないかと提起したのです。BPOは放送界自らのチェック機関で政治介入を防ぐために作ったものですが、そこに政治の関与を強めようというものです。この件は、その後会長が交代となり立ち消えとなっていますが、常に警戒が必要です。

解釈変更は、高市大臣が郵政族ではなかったので大きな違和感がありましたが、この文書を読んで磯崎氏からの指示だったことが分かり理解できました。

**中澤雄大**　約八年間も権勢を誇った安倍晋三氏が参議院選（二二年七月）での応援演説中の銃撃事件で急逝して一年にならない中で、外交・安全保障の大転換、アベノミクスと異次元の金融緩和、公文書改竄・隠蔽等、さまざまな観点において安倍長期政権の功罪が指摘されるようになりましたが、精緻な分析がなされるのはこれからです。

最近も大きなトピックスがありましたね。「死人に口なし」と言うけれども、むしろ死後半年を迎えた二〇二三年二月に刊行されたオーラルヒストリー『安倍晋三回顧録』（中央公論新社）の話題が先行しました。安倍氏の三六時間分の口述記録という、リアリストだった彼のフィルターを通した「私感」や、「一方的」とも受け取れる見解、主張が巷にあふれ出し、新たな問題が提起されたと言えるでしょう。そうした過程で図らずも同時期に、放送法の「政治的公平」の解釈に関する総務省文書問題が噴出した格好ですね。

**野呂法夫**　この総務省文書を一読すると、礒崎陽輔氏が放送法四条の「政治的公平」について、これまでの解釈を変えようと、総務省幹部に働きかけている様子がよくわかります。文書の中でも、二〇一五年三月六日に総務省幹部が官邸で礒崎氏に面会し、前日に磯崎氏が安倍首相に説明した結果をうかがったものに目が留まりました。それまで礒崎案件は文書の上に赤字で「厳重取扱注意」が記されていましたが、ここでは【桜井総務審議官限り】とあります。旧ジャニーズ（現SMILE—UP.）の男性アイドルグループ「嵐」（休止）のメンバー、櫻井翔さんの父親で、総務審議官（郵政・通信担当）だった桜井俊・元事務次官のことです。「総理レクの結果について」とあり、より重要度が高い内容だとわかります。

その中で、いちばん驚いたのが、「（究極は）けしからん番組は取り締まるスタンスを示す必要があるだろう」という礒崎氏の発言です。これはTBS系「サンデーモーニング」への批判を展開したうえで、「放送番組の政治的公平についての総務省のスタンスがこれまでは

安倍晋三首相（右）と礒崎陽輔首相補佐官＝ 2014 年 1 月 7 日、首相官邸で（共同通信社提供）

よくわからなかった」「現に法律に規定がある以上は守らせないといけないし」に続く発言で飛び出し、その後「そうしないと総務省が政治的に不信感を持たれることになる」と話しています。「けしからん番組」に政治介入は「当然だ」と言わんばかりです。

そもそも政府や政治家に放送法に基づき「取り締まる」権限はなく、放送法自体が取り締まりの法律ではありません。それ以前に番組を「けしからん」か、そうでないかを判断する権限も権利もなく、そのような干渉はむしろ明確に排除されています。放送法一条に「放送の不偏不党、真実及び自律を保障することによつて、放送による表現の自由を確保すること」とあります。これは戦前、戦中にラジオ放送が政治権力と一体化して政府の「大本営発表」を垂れ流し、戦争に加担したことへの痛切な反省から、戦後、放送が独立した存在で、放送局が自主・自律していることをまず、宣言するものです。

**澤康臣**　文書でわかるのは、礒崎氏が「一番組でも問題になり得る」という点を明確に獲得目標に据えていることです。これは放送局側の萎縮を引き出す、非常に強力な政権側の武器になります。礒崎氏自身、「そりゃ効くだろう」とあからさまな発言をしています。山田真貴子・首相秘書官（総務省出身）が「言論弾圧」になると警告しているほどです。全ての番組にわたる全体で判断、というのは考えてみればあいまいなもので、いわば「そんなことは無理だから、放送局の不偏不党は神学論争でしかない」と関係者を諦めさせるような効果があったように感じますが、それを「神学」から「実学」に引きずり下ろし、現実の破壊力を持たせるのが「一番組」での判断を可能にしようとした今回の介入だといえるのではないでしょうか。

だからこそ、「極端な例でいい」から、まずは「一番組」での判断を実現しようとした。ところが「極端でいい」と言っている本人が、現実味がないほど極端では駄目だという。一番組でも不偏不党を欠くと言えることが理論上はあり得るし、実際にはこんな番組あるわけないよな、というほど極端なものに限ることのないようにせよというわけで、そうしてこそ萎縮効果が「効く」という意識がここからもうかがえます。萎縮効果とは、法令や行政行為の本来の意図とは別の、余波としての影響を意味する言葉だと思いますが、礒崎氏は余波ではなく「本来の狙い」として萎縮させる目標を立てていたように思います。そこが明確になったのが、この文書の価値だと思います。

**高橋弘司**　このニュースをテレビで最初に見た時、これは「内部告発だな」と思いました。高市氏が自分に関わる文書についていくら「捏造」と言い張っても、まともな常識を持つ人は、それが言い逃れだと見抜く。立憲民主党の小西洋之参議院議員（総務省出身）が公表してから五日後の三月七日に松本剛明・総務大臣が「本物」と認めたのは、総務官僚の抵抗を抑えきれなかったということではないかと思います。総務省職員がこうした内部文書を公表すること自体、異例です。礒崎氏が強引に事を進めようとした政治的思惑で政治的公平の解釈がねじ曲げられていた。今回の文書はそれを示す「物証」です。いわば政治の「暗部」が暴かれたともいえ、その意味は大きいと思います。

**臺**　礒崎氏はそもそもどのような人物なのでしょうか。

**野呂**　文書の中心人物の礒崎氏は自治省（現総務省）の官僚を経て、出身地の大分選挙区から安倍氏が首相だった二〇〇七年七月の参議院選挙で当選し、二期務めており、安倍親衛隊の一人だと見ていました。議員在任中、第二次安倍政権の一四年一月から一五年一〇月まで、国家安全保障に関する重要政策及び選挙制度担当の首相補佐官でした。NHKの朝の連続テレビ小説「ちむどんどん」（二二年四月〜九月）を自身のツイッターで批判をつぶやいて、久々に存在を示していました。この番組は沖縄の日本復帰五〇年を記念し、沖縄本島北部のやんばると上京先の横浜市鶴見区などを舞台にしたものです。しかし、劇画調の不自然なドラマ展開などに対し、ＳＮＳではハッシュタグ「ちむどんどん反省会」として批判が少なくありませんでした。

礒崎氏はそれに乗じたのか、テレビの一番組の内容を問題視するようなことを物申すことでアピールしていましたが、今回の総務省文書で再登場したわけです。

首相補佐官として放送行政に何の権限もないのですが、きちんと政権チェックの機能を果たしてきた報道番組を苦々しく思っていたようで、その後、まさに国論を二分することになる安全保障関連法（一五年九月成立）の制定に向けて準備を進めているなか、報道番組が悪い影響を及ぼさないように、気に入らない番組に圧力をかけられる「根拠」づくりのため総務省に介入していったのではないかと思います。メディア統制に熱心だった安倍氏と安倍チルドレンは、「表現・言論の自由」の大切さを理解していない気がしました。

首相補佐官時代の生々しい水面下の動きが明らかとなり、それが高市氏の国会答弁につながるだけに、高市氏の答弁問題もようやく腑に落ちた思いです。

一方、総務省文書を見る限り、「政治的公平」の解釈の変更について有識者でつくる審議会や諮問委員会、国会での討議を経るなど、国民の目に明らかにすることなく、いち首相補佐官によって内々に解釈がねじ曲げられようとしたことに、総務省幹部がやんわり抵抗の姿勢を示しつつも結果的に加担していたと批判されても仕方がありません。

**臺**　中澤さんは記者時代に高市氏に取材したことがあるそうですね。

**中澤**　私は安倍氏が内閣官房副長官時代（二〇〇〇年七月～〇三年九月）の番記者でありまして、高市氏の地元・奈良での講演会を取材した経験もあります。帰京する新幹線では偶然にも高市氏と席が隣り合わせとなり、二時間以上ずっと話しながら帰りました。その際も感じたのですが、〝身内〟に対して、とてもフランクで話しやすい印象を与える政治家でありました。ですから総務省官僚に対しては尚のこと気を許して、同種の所作で接していたことでしょう。文書からもそうした言動のニュアンスが滲み出ていました。

総務省文書問題では、保守系オピニオン誌は高市氏を全面擁護していました。礒崎氏の地元の参議院大分補選（二三年四月）、高市氏の元大臣秘書官が出馬した奈良県知事選（同）に絡めて、総務省内部の〝軋轢〟に着目する観測記事が主でした。旧自治官僚憎しの旧郵政官僚が「策動」し、旧郵政ＯＢの小西氏に「捏造文書」を横流ししたのではないか――という構図です。

## メディアの対応はどうすべきか

**臺**　中澤さんが触れたメディアの反応ですが、小西氏が二〇二三年三月二日に公表した総務省の内部文書ですが、メディアによって扱いは分かれました。新聞は「朝日新聞」が翌三日朝刊の一面で報じていましたが、二日夜の主な報道番組ではNHKと在京民放キー局では取り上げていません。報道番組が取り上げたのは三日に小西氏が参議院予算委員会で質問したのを報じる形でした。しかし、短いニュースの扱いでした。

**中澤**　第一報の段階では、高市氏による「捏造」という抗弁に引きずられた面もあり、各社の一線の若い記者をはじめ、編集・編成を担う内勤部署も問題の根深さをわかっていなかったのではないでしょうか。

**高橋**　問題とすべきなのは、その政治的、歴史的意味や背景をしっかり市民に説明すべきマスメディアがその役割を果たせているか、という点です。ジャーナリズムに長く関わってきた我々でも、今回の内部文書の意味を理解するには二〇一五年当時にまでさかのぼり、一連の経緯をトレースして初めて理解できる。テレビでそれがしっかりできていたのは、TBSの「報道特集」（三月二五日）ぐらいではないでしょうか。新聞にしても朝日新聞、毎日新聞はしっかり報じたが、読売新聞、産経新聞はどうでしょうか。読者に問題提起する記事は見当らなかったように思います。

**中澤**　「メディアの分断」「メディアの萎縮」が進んできた、と指摘される所以ですね。マスメディアが勝手に「〝忖度〟して〝自主規制〟する体制ができあがってしまった」とも揶揄されるようになったわけです。私たちの「そうだったのか!ジャーナリズム研究会」では、「政治とメディア、ジャーナリズムの関係性」についての問題意識を持ち、複数の与党政治家にインタビューを申し込んできました。今回、昔の手帳を繰ってみたところ、二〇二〇年一〇月に高市氏にも同様の趣旨でお願いしていました。その念頭にあったのは、当然のことながら二〇一五年五月の参議院総務委員会における国会答弁です。高市氏は「選挙の公平性に明らかに支障を及ぼす」「国論を二分するような政治課題について、不偏不党の立場から明らかに逸脱している」という二つの事例を挙げて、「一つの番組でも、極端な場合は政治的公平を確保しているとは認められない」と発言したわけです。さらに高市氏は翌二〇一六年二月にも、違反を繰り返した場合には「電波停止」を命じる可能性にも言及し、総務省側も個別の番組で判断するとした政府統一見解を公表しました。

インタビューが実現していれば、こうした経緯を深く掘り下げたかったわけですが、残念ながら断られてしまいました。今回図らずも総務省の内部文書で実態が〝暴露〟されたわけで、高市氏が私たちの調査研究に応じられなかった理由の一端が浮き彫りになった格好です。

## 停滞する文書問題　議論の行方は……

**臺**　総務省文書をめぐる議論は、問題提起した小西氏の自らの「サル発言」とメディアへの威嚇ともとれるその後の発言を境に国会でもメディアの間でも停滞してしまったように思います。

高橋　今回の放送法の問題は丁寧かつ慎重な説明や議論が不可欠だと思います。なぜなら、この一〇年間、大学でジャーナリズムを教えてきて若者や学生の「メディア・リテラシー」の低さを痛感するからです。学生の大半は新聞をまともに読んでいない。今回の問題の取り上げ方は新聞各紙によって論調がかなり異なりますが、その違いを理解している学生はほとんどいない。学生たちの間で「右傾化」が強まっていると指摘されることが多いのですが、私は「右傾化」というよりも、社会問題やニュースへの「無関心」が実態と考えます。「無関心」だから最低限の社会常識や知識さえ頭に入っていない。だから接触しやすい、または入手しやすい情報を「真に受ける」。それでニュースがわかった気になってしまっている。若者受けを狙って東京・秋葉原で選挙演説を行うなどした安倍氏はそんな時代の「空気」に乗じ、特に若者の世論誘導にたけていた。若者以外も違和感を持つ人は少数派だった。そんな時代的背景が、「けしからんマスコミを取り締まる」という磯崎首相秘書官による前時代的な「暴走」につながったように思います。

中澤　私たちの一連の議論では、安保法制問題や解散総選挙報道などに対して、当時の安倍政権による一部の在京放送局（TBS、テレビ朝日、NHK）への「圧力」の実態や、恣意的とも受け取れる「メディア統制」がよく話題になりました。自分たちが推し進める方針や政策に対して、反対や疑問を投げ掛ける論調を「狙い撃ち」していた実態の一部が、取材を通じて露わになったからでもありました。それらと照らし合わせると、高市氏の国会答弁はまさに軌を一にするものではないでしょうか。現時点で「捏造」主張や、文書問題を追及した小西氏による衆議院憲法審査会での審議に絡んだ「サル」発言[(注3)]によって、肝心の議論が深まらずに停滞してしまったのは残念です。

**松原**　文書の中で高市氏は「これから安保法制とかやるのに大丈夫か」「民放と全面戦争になるのではないか」と発言したとされますが、解釈を変更すれば憲法との関係でも大きな問題となり、国会でも野党から追及されます。裏で圧力をかけることで十分効果があるわけですから、これまであえて解釈変更まで踏み込まなかったのだと思います。

ただ、その翌年一六年二月の「停波」にまで踏み込んで、批判を浴びた高市氏の答弁はさすがに放送局内は敏感に反応しました。当時TBSの「報道特集」のキャスターだった金平茂紀さんが報道情報番組で活動するジャーナリストに呼びかけて、「朝まで生テレビ！」の田原総一朗さん、「NEWS23」の岸井成格さん、大谷昭宏さん、青木理さんらが揃って記者会見を行い、抗議の声を上げました。「停波」というテレビの生命線にまで言及してきたのはこれまでの政治介入の一つ一つに放送局側が対応してこなかったことが、付け入らせるすきを与えたのだと思います。今回の総務省の内部文書が明らかになったことは、放送が毅然として政治権力に対峙していくことや放送法四条の解釈をこれまでの立法主旨、憲法二一条との関係で「倫理規定」と再確認する絶好の機会だと思います。実行した局もありました。

富山の北日本放送（日本テレビ系列）です。二〇二三年五月の憲法記念日に「『憲法と放送法』を考える　番組への政治介入巡り」というテーマで、前後編の二回にわたり、計一五分の特集を組んでいます。放送法の成り立ち、度重なる政治介入の事例、解釈変更の変遷などを取り上げ、萎縮することなく視聴者の知る権利に応えていくと宣言していました。

また、放送業界が政府に強く抗議してこなかったことを反省し、従来の解釈に戻るよう放送局自身が取り組む必要があると締めくくり、放送局の矜持を伝える内容でした。ただ、いまだに放送業界全体として政治への対峙という点で脆弱で、今からでもやるべきだと思います。

**臺**　高市大臣の国会での「停波発言」については、日本民間放送労働組合連合会（民放労連、赤塚オホロ委員長）がすぐに反応していました。二月一〇日、「高市総務相の『停波発言』に抗議し、その撤回を求める」との声明を発表し、その中で、「電波法の停波規定まで持ち出して放送番組の内容に介入しようとするのは、放送局に対する威嚇・恫喝以外の何ものでもない。憲法が保障する表現の自由、放送法が保障する番組編集の自由に照らして、今回の高市発言は明らかな法解釈の誤りであり、速やかな撤回を求める」と反発。そして、高市大臣に公開質問状を提出しましたが、撤回を拒んだため、三月九日には辞任を求める声明を発表するに至りました。一三日には、ＴＢＳの報道番組「報道特集」で、キャスターの金平氏が冒頭で「高市総務大臣が国会でテレビ局の電波停止の可能性に言及しました。表現の自由の確保を狙った放送法の精神をどこまで理解しているのか疑問の声が上がっています。こんな脅しのような発言が大臣の口から出ること自体、時代が悪い方向に進んでいることの証しではないでしょうか」と痛烈に批判しています。

一方、高市大臣は、自分自身のホームページのコラム（一四日付）で次のように記しました。〈民主党議員から質問された「電波法」について、「既存の条文が適用される可能性が、将来に渡ってまで全く無いわけではない」という趣旨の答弁をしたばかりに「放送業界の敵」みたいな存在になってしまって、ニュース番組からバラエティ番組まで大のテレビ好きである私は残念でなりません。法治国家である日本ですから、既に法律に規定されている内容を所管大臣が完全否定するわけにもいかず、「将来に渡って、適用される事態が決して起こらないこと」を願うしかありません〉

高市大臣は「停波発言」を追及する民主党だって同じ解釈を答弁しているではないかと反発しました。確かに菅直人政権だった二〇一〇年に平岡秀夫総務副大臣が参議院総務委員会で同様の発言をしていますが、民主党政権は、三年三カ月の間、放送局に対して行政指導を一件もしていません。自民党が政権復帰し、行政指導を再開した安倍政権とは決定的に異なる姿勢だったことは指摘しておきたいと思います。

菅義偉官房長官も「従来通りの一般論を答えたものだ」と述べていましたが、さすがに停波発言については与党内からも問題視する声が上がったようです。公明党の井上義久幹事長は高市大臣に、「担当大臣が繰り返し言うことが、別の効果をもたらす可能性もある」と苦言を呈したという報道もありました。

ただ、この件では番組現場にいるキャスターや労組は反発しましたが、その一方でNHKや民放キー各局の放送責任者の記者会見での発言が総じて歯切れが悪かったのは大いに気になりました。日本民間放送連盟（民放連）の記者会見の記録を読むと、例えば、井上弘・民放連会長は一六年三月一七日の記者会見で「個別の番組がどうだと言われても、全体を見ていただくしかない」などと述べただけで「撤回」は口にしませんでした。NHK会長の三月三日の記者会見要旨によると、籾井勝人会長は「放送法に則って公平・公正、不偏不党、何人からも規律されず、自らを厳しく律して放送にあたっている。今後もこの姿勢を変えずにやっていく」との認識を示しただけのようです。

毎日新聞の報道（二月八日）によると、一五年一二月に元総務大臣でもある自民党の佐藤勉・国会対策委員長が講演した会合が開かれ、在京民放の関係者ら約三〇人が出席。佐藤氏の事務所が準備した会費一人二万円の政治資金パーティーだった。放送免許が必要な事業の経営者としては、正面からの批判を控えたいという、現場の感覚とは大きく乖離した姿勢だった印象が強く残っています。

**野呂**　総務省文書が明らかになってからの国会の討議や質疑応答では、野党は高市大臣の進退や「一つの番組でも判断され得る」とした高市答弁の撤回に焦点を当てていましたが、それと同時に礒崎氏を何らかの形で国会に呼んで、当時の事情を聴くことはできないのかと、もどかしく思っていました。

しかし、中澤さんも指摘しましたが、文書を公表して問題提起した小西氏が三月二九日に憲法審査会に絡んで「サル」発言を行い、その後、肝心な放送法四条をめぐる解釈問題の議論は中断してしまいました。小西氏は記者会見をして発言を撤回し謝罪したものの、マスコミ各社が発言を批判的に報道した内容について「私は名誉毀損を受けたという認識」と再び発言する有り様です。「サル」発言が当日報じられると、自身のX（旧ツイッター）にフジテレビやNHKの二社を名指しして「放送法などあらゆる手段を講じて、その報道姿勢の改善を求めたい」などと投稿しました。放送番組の編集で「政治的に公平」に反しているとの主張なのかもしれませんが、総務省の元放送政策課課長補佐だったにもかかわらずに放送法を曲解しているうえ、「表現の自由」への無理解ぶりが露見していました。

総務省文書を公表した自身の大きな功績を損ないかねない残念なことであり、がっかりしました。もちろん、こうした公表を支持する立場から言わせていただいているのです。ともあれ、総務省職員が小西氏に託した勇気ある内部告発が宙ぶらりんのままです。二三年三月の参議院外交防衛委員会での小西氏の質問に対し、山碕良志・総務省大臣官房審議官は「極端な（番組の）場合でも一つの番組ではなく、番組全体を見て、バランスが取れたものであるかどうかを判断する」と答弁。「一つの番組のみ」で判断するような法理や国会答弁、政府見解について繰り返し問われ、「(従来の）解釈には何ら変更がございません」と明言し、高市答弁と食い違いを見せています。安倍一強政権下で放送法の解釈が政治介入で不当にねじ曲げられたままの状態です。政府見解は「統一」とは言えず、バラバラであってはなりません。野党はこの問題をうやむやにせず、引き続き国会の場で追及してほしいものです。

しかし、議論のグランドは国会にあるのではなく、本来、その場とボールはメディアと市民の側にあるべきです。不用意な「サル」発言に乗じて、岸田政権が嫌がる総務省文書問題に関する国会追及を打ち止めにするのをよしとする放送局関係者が一部でもいたとは思いたくはないのですが、そもそも総務省文書を他人事とはせずに、これをきっかけにメディア自身が議論を深めていくべきではないでしょうか。そうした声や動きが特に放送局内部からほとんど出てこないことこそが深刻なのですが、それを嘆いてはいられません。

是枝裕和さんも話していましたが、放送法四条はテレビ局を縛る、規制するものではありません。私たち「そうだったのか！ジャーナリズム研究会」も確認してきましたが、「放送・表現の自由」を保障しつつ、放送事業者が放送番組の編集にあたっての倫理規範的なものです。いわば「自主・自律・自立・独立の気概」を促す原則が書かれていると思います。安倍政権から露骨になった検閲・監督的な干渉と介入、放送局の忖度と自己規制という政治と放送のゆがんだあり方を検証し、見直す議論になればと私たちは取り組んできましたが、まだ緒に就いたばかりです。みんなで一緒に考えていけたら幸いです。

注1　高市早苗総務大臣「一つの番組のみでも、国論を二分するような政治課題について、放送事業者が一方の政治的見解を取り上げず、殊更に他の政治的見解のみを取り上げてそれを支持する内容を相当の時間にわたり繰り返す番組を放送した場合のように、当該放送事業者の番組編集が不偏不党の立場から明らかに逸脱していると認められる場合といった極端な場合においては、一般論として政治的に公平であることを確保しているとは認められないものと考えます」（二〇一五年五月一二日参議院総務委員会）。

注2　政治的公平をめぐる解釈の変更（政府は「補充的説明」と表現している）は、翌一六年二月八日に衆議院予算委員会で元総務官僚の奥野総一郎氏（立憲民主）が取り上げ、高市氏は政治的公平を含めて放送法四条違反が繰り返されると、電波法七六条に基づく電波停止を明言。答弁は朝日新聞が翌二月九日朝刊一面二番手で大きく報道し、政治問題化した。

高市早苗総務大臣「私のときに（電波の停止を）するとは思いませんけれども、ただ、将来にわたって、よっぽど極端な例、放送法の、それも法規範性があるというものについて全く遵守しない、何度行政の方から要請をしても全く遵守しないという場合に、その可能性が全くないとは言えません」（二〇一六年二月八日衆議院予算委員会）。

注3　小西洋之氏は二三年三月二九日、担当記者との質疑の中で衆議院憲法審査会について、「毎週開催は憲法のことなんか考えないサルがやることだ」「何も考えていない人たち、蛮族の行為だ。野蛮だ」「衆院（憲法審）なんて誰かに書いてもらった原稿を読んでいるだけだ」などと発言。これが報道されると、与野党から反発が相次いだ。

小西氏は三月三〇日に記者会見して発言を撤回。「不快な思いをした方にはおわびしたい」と謝罪したがその一方で、「オフレコという認識だった」とし、各社の報道内容について「率直に言いますけど、私は名誉毀損を受けたという認識です」「顧問弁護士と相談して、しかるべき措置を取る」などと記者を恫喝するような発言を繰り返したという。法的な措置を示唆したのは二九日の発言の直後。「放送法に違反し偏向報道を続けるＮＨＫとフジテレビに対し、放送法などあらゆる手段を講じて、その報道姿勢の改善を求めたい」「産経とフジテレビについては今後一切の取材を拒否します」「元放送政策課課長補佐に喧嘩を売るとはいい度胸だ」――などとツイッターに連続投稿したように、報道内容に不満があった。

立憲民主の泉健太代表は三月三一日に記者会見し、小西氏を厳重注意するとともに参議院憲法審査会野党筆頭幹事の職を更迭したことを明かした。

# 是枝裕和監督「論考」編

郵政省、調査始める

テレビ朝日報道局長発言

国会答弁 首相「公正が当然」

証人喚問など検討

自民、徹底追及の構え

非自民政権誕生を意図し報道

総選挙 テレビ朝日局長発言

民放連会合

産経新聞は1993年10月13日朝刊で、テレビ朝日の椿貞良・取締役報道局長（当時）が日本民間放送連盟の会合で「非自民政権が生まれるよう報道せよ、と指示した」などと発言した、と報道した（右下）。自民党は同年7月の衆議院選で過半数を割り、8月に非自民・非共産の細川護熙・連立政権が誕生していた。テレビ朝日の選挙報道は実際には偏向した内容の報道はなかったにもかかわらず、この問題は、政府や自民党が番組内容への規制を強めていく引き金となった

# 「放送」と「公権力」の関係について
## ～NHK総合「クローズアップ現代」〝出家詐欺〟報道に関するBPO（放送倫理検証委員会）の意見書公表を受けての私見～

二〇一五年一一月七日

少々長いサブタイトルになったことをまずご了承ください。

以下、本文もちょっと長いですが、出来るだけわかりやすくまとめますので、我慢して最後まで読んでいただけると嬉しいです。これは主には放送に携わる皆さんへ向けての文章になります。

### はじめに

一一月六日にBPOの委員長及び委員による記者会見が開かれ意見書が公表されました。僕の予想が正しければおそらく当事者であるNHKはともかく、他局のニュースの多くは意見書の中で述べられた「重大な放送倫理違反があった」という委員会の判断について大半の時間を割いているのではないでしょうか（といっても二、三分のことだとは思いますが）。

ここぞとばかりにNHKを叩き、「クロ現」はつぶしてしまえと声高に叫ぶ人たちの顔も何人かは浮かびます。もちろん意見書はそのような主張を支持するものではありませんが。

## もうひとつの指摘

番組の「倫理違反」の指摘も大変大切ではありますが、実はもうひとつ今回の意見書では重要な指摘を行っています。

それは「おわりに」の中で述べられた公権力による放送への介入についての部分です。（ご興味とお時間のある方はBPOのホームページをご覧下さい。全文がアップされているはずです）僕の危惧が杞憂に終わっていれば良いのですが、この二つ目の指摘がいろいろな思惑からメディア自身によってスルーされるのではないかという不安からペンをとることにした次第です。

意見書の中でも触れていますが、今回問題を指摘された二〇一四年五月一四日放送の「クローズアップ現代」に対しては総務大臣の厳重注意や自民党の情報通信戦略調査会なるものから放送局に対して事情聴取が行われました。

それらの要求を拒否するのか、のこのこ出向くのかは主には放送局自身の判断によるべきものだとは思います。にもかかわらず放送局にとっては部外者でしかない僕があえてこの一連の公権力と放送局の関係を巡る事案に対して個人的に声をあげようと思ったのは、別の（根は同じなのですが）ある発言がきっかけになっています。

## 「放送法」「お手盛り」「独立機関」

それはこの「戦略調査会」の会長である川崎二郎議員が「報道ステーション」での古賀茂明さんの「菅官房長官による番組への圧力」発言と、今回の「クローズアップ現代」について言及したものでした。

発言は今年の四月一七日付です。新聞やネットに発表された発言の要点を簡潔に紹介します。

> 「ふたつの番組は、放送法の（禁じる）真実ではない放送がされていたのではないか。真実を曲げた放送がされるならば、それは法律に基づいて対応させてもらう。独占的に電波を与えられて放送を流すテレビ局に対して、例えば停波の権限まであるのが放送法だ。（報道ステーションの中で）名誉を傷つけられた菅義偉官房長官がＢＰＯに訴えることになれば、それは正規の方法だ。ＢＰＯが「お手盛り」と言われるなら少し変えなければならないという思いはある。テレビ局がお金を出し合っている機関ではチ

エックができないならば独立した機関の方がいい」

発言が僕も所属するBPOに直接言及されているので、これはさすがにスルーすることは出来ない。機会があればBPOを通してか、もしくは個人的にきちんと反論をしておくべきだと考えていました。少し遅くなりましたがBPOの公式の意見書発表を待ったほうが良いだろうと判断したためなのでお許しください。

さて、ここで川崎会長の使った「放送法」「お手盛り」「独立した機関」という言葉についてちょっと自分なりに考えてみたいと思います。

## 「不偏不党」は誰の義務なのか?

まず放送法です。そもそもこの法律そのものが「憲法違反」の疑いが色濃い部分も多々あって（特に二一条〈表現の自由〉運用面ではかなり注意が必要なのですが、ひとまず今回はその点については触れません。

別の機会に譲ります。今回注目したいのは意見書の「おわりに」でも触れた第一条です。第一条ですから、もちろん一番大切なことがここには記されています。

どんなことが書かれているか？

第一条二号にはこうあります。

「放送の不偏不党、真実及び自律を保障することによって、放送による表現の自由を確保する」

ややわかりにくい表現かも知れませんがここで述べられている「不偏不党」を「保障」する主体は明らかに公権力です。放送事業者に「不偏不党」を義務付けているのではありません。

それは憲法二一条や二三条（学問の自由）等の保障の主体が公権力であるのと同じです。そして、電波三法の成立にまでさかのぼって調べてみればその主張の根拠がよりはっきりします。

一九五〇年一月二四日に開かれた第七回国会「衆院電気通信委員会　電波三法提案理由説明」の中で政府委員の綱島毅電波監理長官が行った提案理由説明にはこうあります。

「放送番組につきましては、第一条に、放送による表現の自由を根本原則として掲げまして、政府は放送番組に対する検閲、監督等は一切行わないのでございます。放送番組の編集は、放送事業者の自律にまかされてはありますが、全然放任しているのではございません。この法律のうちで放送の準則ともいうべきものが規律されておりまして、この法律で番組を編成することになっております。」

（日高六郎編『戦後資料　マスコミ』日本評論社　一一八頁）

## 保障するのは誰なのか？

つまりどういうことかと言うと、第一条は放送従事者に向けられているのではなく政府（公権力）の自戒の言葉であることを、政府自らが明らかにしているんですね。

なぜそんな自戒の規定が必要だったかと言えば、それは放送という媒体がその成り立ちや電波という物理的性格からいって公権力の干渉を招きやすいメディアであるからなのです。敗戦の五年後にこの議論が行われていることに注目しなくてはいけません。つまりは「公権力」と「放送」が結託したことによってもたらされた不幸な過去への反省からこの「放送法」はスタートしているわけです。

放送法のこの条文を前後も含めてもう少しわかりやすく現代語訳するとこうなります。

「我々（公権力）の意向を忖度したりするとまたこの間みたいな失敗を繰り返しちゃうから、そんなことは気にせずに真実を追求してよ。その為のあなた方の自由は憲法で保障されてるのと同様に私たちが保障するからご心配なく。だけど電波は限られてるから、そこんとこは自分たちで考えて慎重にね。」

このあたりの考え方にどの程度アメリカの思惑が反映しているのかは研究の必要があるかとは思いますが、これはこれで民主主義の成熟の為に「権力」が「公共」に対して示すべき大人の対応だと思います。

## 誰が放送法に違反しているのか？

「私見」と見出しには書きましたが、このあたりの解釈、考え方は僕個人のものではありません。九五年に出版された〝放送倫理ブックレットNo．1『公正・公平』のなかの「憲法と放送法——放送の自由と責任」〟という清水英夫（青山学院大学名誉教授〈当時〉）さんの文章からの受け売りです。この小冊子は一九九三年に、テレビ朝日のいわゆる「椿発言」を巡って当時の放送局の報道局長に対して国会で証人喚問が行なわれる事態に至った「放送と公権力」の緊急事態を踏まえた上で執筆、出版されたものです。

清水さんはこうも言っています。

「論者の中には、この放送法一条二号の規定は、公権力のみならず放送事業者の義務をも定めたものだ、という見解がないわけではない。しかし、放送法一条二号をそのように解釈すべきでないことは、憲法的見地のみならず、放送法の立法過程からも、きわめて明らかである」と。

今回のＢＰＯの意見書で述べられている公権力と放送の関係についてのスタンスも、大旨この清水さんの見解に添ったものになっていると思います。

繰り返しますが「不偏不党」は放送局が求められているのではなく、「公権力」が放送局に保障しているのです。安易な介入はむしろ公権力自身が放送法に違反していると考えられます。にもかかわらず、そのこと自体を公権力も多くの放送従事者もそして視聴者も逆に受けとってしまっていることから、一連の介入が許し許されている。公権力はあたかも当然の権利であるかのように「圧力」として、放送局は真実を追求することを放棄した「言い訳」として、「両論併記」だ「中立」だなどという言葉を口にする事態を招いているのです。

作り手にとって「不偏不党」とは何よりもまず、自分の頭で考えるということです。考え続けるということです。安易な「両論併記」で声の大きい人たちから叩かれないようにしようなどという姑息な態度は単なる作り手の「思考停止」であり、視聴者の思考が成熟していくことをむしろ妨げているのだということを肝に銘じてください。放送を巡る不幸の原因がそこにあるのだということを、まず作り手が理解することです。

少なくとも「放送法」をその成り立ちまで逆のぼって読み理解しようとすれば、政治家が安易に「停波」などというおどしの言葉を口にすることはないはずです。そもそもこの川崎委員長が口にした停波の権限は確かに電波法の第七六条に記されたものですが、これが放送番組の内容の是非を巡って「行政罰」と結びつけて解釈されることはない、というのが議論を重ねてきた学界の通説です。

例えば、元総務省事務次官の金澤薫さんは『電波法の七六条に基づく処分は、放送法三条に「放送番組編集の自由」が規定され、これを踏まえて「自主規制を原則とする」ことが法の趣旨になっている以上、形式的には可能だが現実的には適用できない』（要約）と述べています。放送への介入の権限を監督省庁である自らに認める立場をとってきた総務省でさえ、これがぎりぎりの認識です。

（放送法と表現の自由〜BPO放送法研究会報告書〜　P．八五より）

だから、総務大臣でもない川崎（二郎）さんが、いったいどのような権限に基づいて局員を呼びつけたり「停波」を口にしているのか僕にはその根拠が皆目わかりませんが、もしかすると、この人はそのような歴史の積み重ねを知らないふりをしているか、そもそも無知なのかどちらかでしょう。

ここでもう一度強調しておきたいことは、放送従事者は「不偏不党」という言葉によって自らの手や足をしばり耳や口をふさぐ必要はないということです。逆です。これは「憲法」と「公権力」と「私たち」の関係と同様に捉えるべきものなのです。そのことを是非理解した上で番組制作にあたって欲しいと思います。

## 誰が誰から独立するべきなのか？

次にＢＰＯが「お手盛り」でチェックが甘くなるのなら「独立した機関」にしたら、という趣旨の発言について考えてみましょう。この「独立」とはどういうことか。恐らく放送を教育同様、公（パブリック）から独立（離脱）させ国（ナショナル）の元に取り戻すという、現政権が、あらゆる分野で行なっている取り組みと同趣旨のものでしょう。これが具体化されるとＢＰＯには政府関係者（元総務省官僚等）の天下りが政府と一体化した委員として送り込まれることになるはずです。もし、そんなことを受け入れたらそれこそ公権力に対する「チェック」が「お手盛り」になるという民主主義の根幹を揺るがす事態が今以上に進行してしまうことはＮＨＫの会長人事を見れば火を見るより明らかでしょう。放送が「国営」ではなく「公共」であることの意味を真摯に考えるならば独立させなければいけないのは放送局とＢＰＯの関係ではなく明らかに権力と放送局の方でしょう。実質的に「予算の執行権」を握られているような（ＮＨＫのケース）力関係ではチェックが「お手盛り」になる危険性を排除できませんから。しかし、もし公権力だけにとどまらず、視聴者も、つまりは国民の総意として「公共」放送を目先の「国益」を最優先に考えるような価値観に染め上げられた「国営」放送＝大本営発表にすることを望むのであれば、話は違ってきます。僕は望みません。現行の放送法も少なくともそのような「放送」を支持していない。

なぜならそれは放送局が自主と自律を自ら放棄することを意味するからです。一制作者としてもＢＰＯの委員としても不満はいろいろありますが、今までの放送法を巡る議論の歴史的な経緯を踏まえ、その趣旨を理解した上でお互いに慎重に運用していくべきだと、ひとまず思います。

## ＢＰＯ＝政治倫理審査会？

ＢＰＯが「お手盛り」ではないことの証明は、ここで僕が口で否定するよりはやはり今回のような「意見書」を公表して、放送局の自主自律をきちんと支え、ある時は監視し、ある時は応援するということを続けていくことで示すしかないでしょう。

その為の努力はしているつもりでいます。今回の意見書は力作です。是非、読んでみて下さい。少なくとも私たち検証委員の中には放送局の局員や関係者はひとりもいません。番組制作会社出身の僕が最も局とは利害関係が強いかも知れませんけれども。例えば政治家の倫理を審査する為に国会に設置された「政治倫理審査会」と比べてみるとわかりやすいのではないでしょうか。

この審査会で政治家が〝行為規範〟等の規定に著しく違反し、道義的責任があると認められた場合、委員の三分の二以上の賛成で一定期間の登院自粛や国会役職辞任などを勧告できるとされています。

しかし、一九八五年の設置以来三〇年間！　ただの一度もこうした勧告は行われておりません。

ただの一度もですよ。なぜでしょう。勧告が行われない理由は三つ考えられます。日本の政治家がとても倫理的であるか？　規範がユルユルなのか？　審査が「お手盛り」なのか？　果たしてどれでしょうか。

政倫審のメンバーは同業者（政治家）です。よっぽど倫理的な議員ならともかく、多くの方々は「明日はわが身」と考えたらそりゃあ処分どころか勧告すら出せないでしょう。今こうやって書いていて驚いてしまいましたが、これを「お手盛り」と言わずして何をお手盛りと呼ぶのでしょうか。

お互いにチェックが甘くなるのであればやはり同業者をメンバーから排除した「独立した機関」にするべきなのではないかと逆に提案させていただきますが、いかがでしょう。せめてBPO程度には。

## おわりに　～駆け込み寺ではなく防波堤として～

少なくともBPOは番組倫理検証委員会だけでも今年三つの意見、見解を公表しています。放送局はその提言を受けて三カ月以内に改善策を提出する義務を負いますし、その番組に関わった局員に対しては停職や減棒を含む処分も下されます。これが僕が所属していたような番組制作会社だったら、もっと厳しいですよ。会社がつぶれることだってありますし、業界から事実上追放されるスタッフもいます。ある意味、このような厳しい自浄作用、淘汰はそれこそ限られた電波というある種の権力を手にする以上は仕方ないことだと僕は考えています。視聴者の目が厳しくなるのも当然でしょう。そのあらゆる方面からの批判に耐えられるだけのタフさと、ある種の鈍感力が、今の放送人には必要とされるのかも知れません。

最後は何だか皮肉っぽくなってしまいました。直接執筆したわけではないのですが、公表された「意見書」の中で「放送」と「公権力」に関する重要な見解を表明できたことを、同じ委員会に所属するメンバーとしてちょっぴり誇りに思っています。

ＢＰＯは総務省の代りに番組に対して細々とダメ出しをすることを目的とする組織だと思っている人は放送局の中にも多いとは思います。しかし、それは誤りです。もちろんダメ出しはします。ただ、それはあんまりいい加減なことをしていると放送の自主自律がおびやかされるからなのであって、本来の意味は公権力が放送に介入することへの「防波堤」だと僕自身はずっと認識してきました。

近年ＢＰＯには政治家や政党から、番組内で自身や自身の主張が一方的に批判されたり不当に扱われており放送法に定められた「政治的公平」に反しているといった異議申し立てが相次いでいます。自分たちを批判するコメンテーターを差し替えろなどといった番組内容に直接言及するような要求までなされています。

ＢＰＯは政治家たちの駆け込み寺ではありません。ここまで僕の文章を読んでいただいた方はもうおわかりだと思いますが、保障するべき立場の政治家たちが「政治的公平」を声高に訴える行為そのものが、放送（局）の不偏不党を、つまりは放送法を自ら踏みにじることなのだという自覚の欠如を端的に示しています。

「批判を受けた」放送人が考えなくてはいけないのは、批判の理由が果して本当に公平感を欠いたものだったのか？　それとも政治家にとって不都合な真実が暴かれたからなのか？　その一点につきるでしょう。後者であるならば、まさに放送法に記されている通り、誰にも邪魔されずにその「真実」を追究する自由は保障されていますし、ＢＰＯもそんなあなたの取り組みを全面的に支持するでしょう。

今回の意見書には、そんなＢＰＯ本来の姿がいつにも増して表明されていると思います。憲法ほどではないにせよ放送や「放送法」にも積み重ねてきた議論の歴史というものがあります。それをしっかりと理解することで、番組制作者はより自由を手にすることが出来る。それは公権力の介入に抗する自由です。もちろん、その自由を獲得するためには放送人ひとりひとりに不断の努力が求められることは明らかです。それこそが「自主、自律」なのですから。

以上です。

僕はこれを、同業者である放送人へのエールとして書きました。

最後まで読んでいただいたみなさま、ありがとうございました。

是枝裕和

## 誰が何を誤解しているのか？
### ～放送と公権力の関係についての私見②～

二〇一五年一一月一七日

### 倫理規範なのか　法規範なのか？

ＢＰＯの意見書発表から一〇日ほど時間が過ぎ、不当な「介入」「圧力」を指摘された公権力からの反論も一義的にはおおよそ出そろった感があります。

代表的なものをいくつか拾ってみましょう。

ＢＰＯが放送法の四条を「倫理規範」としたことに対して異論が目立ちます。

「放送法には規範性があり、違反があれば三カ月以内の業務停止命令ができる」（高市総務相）

「単なる倫理規定ではなく法規であり、これに違反しているのだから、担当官庁が法に則って対応するのは当然」「予算を国会で承認する責任がある国会議員が果たして事実を曲げているかどうかについて議論するというのは当然のこと」（一〇日の予算委員会での安倍首相発言）

「ＢＰＯは放送法を誤解している。ＮＨＫの調査報告書に放送法に抵触する点があったので必

要な対応を行った」（菅官房長官）

お互いの主張は一件平行線をたどっているように見え、日頃あまり放送法について考えたことのない方々にはこうやって切り取られた言葉を「両論併記」されたものを見ているだけだと、どちらの意見が正しいのか、わかりにくかったかも知れません。

「○○ＶＳ○○」と対立を煽るような記事も数多く出ました。

意見書の中の政権の介入を批判した部分がスルーされるのではないか、という僕の危惧は良くも悪くもはずれたことになります。

僕自身は前回の私見をあくまで冷静に、感情ではなく理性に働きかけるようなものとして、誰かへの憎しみや軽蔑ではなく放送への愛を原動力にして書いたつもりでした。なのでネット上で「抗議」とか「暴露！」などという煽りの見出し付きで紹介されたのはちょっと驚きでした。

今回の私見も又、前回同様の原動力によって書き進めていければと思っていますので、しばらくの間お付き合い下さい。

少しおさらいしてみましょう。

現行の放送法第四条には番組編集に当たっての四つのルールが記されています。

一　公安及び善良な風俗を害しないこと
二　政治的に公平であること
三　報道は事実をまげないですること
四　意見が対立している問題についてはできるだけ多くの角度から論点を明らかにすること

さて、このルールを「倫理規範」と考える態度、解釈は別に、僕やBPOが突然思いついたわけではなく、一九五〇年の放送法制定時から今日までの間に積み重ねられた議論を受けているものです。

これに対し、この四つは法規範であり、放送人の守るべき義務であり違反すれば厳重注意等の罰（行政指導）を与え得る根拠になるのだという考えを持たれる方は菅官房長官はじめ、自民党の中に多くいることは当然知っていますし、その意味では今回の意見書に対する彼らの反応は「想定内」のものではありました。個人的にはさすがに菅さんが「誤解」という言葉を使われたことには驚きましたが。驚いたので私見のタイトルにしてみました。

この「私見」を最後までお読みいただくと、いったいどちらが「誤解」しているのかは、はっきりするのではないでしょうか、と多少挑戦的に前ふりをしておきます。

少なくとも二〇〇〇年代初頭までは総務省はじめ、政権内でも表向きはおおむね共有されていたであろうこの四条を巡る「解釈」が菅官房長官が総務相時代の二〇〇七年あたりから、「あるある大辞典」の問題をきっかけに急に「倫理規定」から「罰則」へ大きくその解釈の舵を切り、監督権の強化を声高に主張し出したわけで、歴史の長さから言っても、主張の太さから言ってもあちらを正論ととらえこちらの「倫理規定」という主張を「誤解」と切って捨てるのはあまりに乱暴ではないかと思いました。

せいぜい頑張って「見解の相違」がいいところでしょう。

首相はともかく、少なくとも菅さんご本人はそのような放送と公権力との間で積み重ねられてきた放送法を巡る長い歴史については熟知された上であえてあのように振る舞っているのだと思います。

その目的は果たしてどこにあり、どこへ向かおうとしているのか？

## 放送法は憲法違反？

さて。この四条を倫理規定ではなく行政罰（指導）を伴う法規範だとする考えの問題点は、もし、このようなルールが「義務」であり、公権力の介入を正当化する根拠だと捉えた場合、すぐその前の三条に記された番組編成の自由や根本原則として一条に掲げられた表現の自由と齟齬を来すことを避けられない点にあります。

安倍首相は今年三月の衆院予算委員会で自身と自身の政策の放送での取り上げられた方に不満をもらし「不偏不党な放送をしてもらいたいのは当然だ」と述べました。

つまり一条に記された「不偏不党」も又放送局の義務だというお考えなのでしょう。

四条ならまだ準則を巡る解釈の対立ですみますが（もちろんこれはこれで大きな問題ではありますが）一条はこの法律の「目的」ですからね。

誤解のないようにもう一度確認しておきましょう。

「不偏不党」という文言が放送法に登場するのはかなり早く、一九四八年六月一八日に国会に提出された放送法案に既に書かれています。

「放送を自由な表現の場として、その不偏不党、真実及び自律を保障すること」

翌一九四九年三月一日に再提出された案ではこうです。

「自由な表現が行われる場としての放送の不偏不党、真実及び自律を保障すること」

憲法二一条の表現の自由を実現する場所としての放送を保障する。

この表現なら、まさか後の時代の政治家も「不偏不党は放送局の義務なんだから～」などとは誤読しなかったと思うのですが。

最終的に閣議決定される段階でなぜかこの「～場として」という表現が削除されてしまったことで誤読を呼び込みやすくしてしまったんですね。

わざとそうしたのかも知れませんが。

しかしこの誤読を認めてしまうとそれこそ放送法自体が憲法違反になってしまいます。

ですから、質問に立つ者は対立するＢＰＯの見解と、政府の反論をただ並列的に「両論併記」するのではなく、もし、四条を「義務」だと考えた場合、三条との又は一条とのそして憲法との整合性はどのように担保されるのかということくらいは重ねて問わないと何ら生産的な議論には発展しないと思われます。

案の定というか、国会での質疑も、いったい何を問いただそうとしているのかがぼんやりしていて、あれではＢＰＯの批判に対して公権力の側に反論の機会を与えているだけのように見えました。

質疑自体がそもそも出来レースで、はじめからそれが目的だったのならともかく、何らかの言致をとろうとしたのなら何の成果もなかったと言わざるを得ません。あれでは放送と公権力を巡る国民のせっかくの関心をもう一歩深い理解へと導くことは出来ない。もったいない。いいチャンスなのに。

そして何よりあの場で語られていた言葉からは「愛」を全く感じませんでした。

放送への愛。

そんなものを求めるほうが間違っているのかも知れませんが、それが哀しくてたまらない気持ちになったことも又、今回もう一度ペンをとろうと思った理由のひとつでした。

# 政治的に公平かどうかを政治家が判断する？

放送の自由を保障する主体は公権力であり、「不偏不党」を放送側に義務付けるのはむしろ倒錯した態度なのだという認識は、正直もう少し広く共有されている常識だと僕は思っていました。しかし、放送人の間からも「初めて知った。目からウロコだった」という反響を数多く頂いて（書いて良かったな…）と思う反面（こりゃ公権力につけこまれても仕方ないや）とも思ったのです。

せっかくですから四条についてもう少し考えてみましょうか。

ここは〝あえて〟政府側の主張に乗っかって四条を法規だという前提に立ってみることにしましょう。あくまで、あえて、ですが。

わかりやすいので先ほど触れた四条の二。「政治的に公平であること」を中心に例にとります。政府が主張するようにもし、この「ルール」が作り手の義務であり、行政指導の根拠になり得るとした場合、一体誰が何を規準にしてこの政治的「公平」をジャッジするのでしょう？「公平」ですよ。考えてみて下さい。

例えば六〇キロの制限速度の道路を八〇キロで走ったらそれはルール違反で罰金をとられても文句は言えないでしょう。しかし「危険だ」という判断は、はなはだ感じる側の主観的な理由を根拠にしており、これで切符を切られたらドライバーはたまったものではないでしょう。

しかもこの放送法の場合、本来政治をチェックする使命を担っている放送が政治的に公平であるかどうかを総務相に代表される政治家から判断されるわけです。ん？　政治家が政治的公平を判断するのか？　何を基準に？　自身の政治信条を？　だとすると政権が交代するたびにこの「公平」の基準は変化することになるけれど放送が義務違反にならない為にはその度に時の政権に合わせて政治的なスタンスを修正することになるが、……それで良いのか？

こんな御用聞きのような態度はそれこそ「他律」になってしまうけれどそうすると今度は一条の「自律」に違反することになってしまうが。果たしてそれで良いのだろうか？

これはちょっと考えたらおかしいと思うのが普通です。

現実的にはほとんど政権交代が起きないので表面化していないだけの話です。

僕はやはりおかしいと思ったのです。

一条と四条がひとつの法律の中に共存しているのは。

「法規範」「義務」だと捉えるのは先行する三条や一条や憲法との整合性を考えたら自己矛盾度が高すぎて到底無理ですが、「倫理規範」という考え方だって正直に言えば憲法との整合性を優先したかなり無理筋の解釈だと個人的には感じています。

だからこそ「～と捉えざるを得ない」という文脈にならざるを得ないのです。

だから、調べてみました。

なぜここに「政治的公平」が記されることになったのかを？

さて、ここからが今回の私見の本題になります。

## 四つの「規律」はどのようなプロセスで決められたのか？

多少、歴史の授業のようになることをお許し下さい。

でもとても面白いです。きっと。

先程ちょっとだけ紹介した一九四八年の「放送法案」の中でこの「規律」は「原則」として次のように掲げられています。

その一部を紹介します。

> 一　厳格に真実を守ること。
> 二　直接であると間接であるとにかかわらず、公安を害するものを含まないこと。
> 三　事実に基き、且つ、完全に編集者の意見を含まないものであること。
> 四　何等かの宣伝的意図に合うように着色されないこと。
> 五　一部分を特に強調して何等かの宣伝的意図を強め、又は展開させないこと。

六　一部の事実又は部分を省略することによってゆがめられないこと。

まだこの中には「政治的な公平」は含まれていません。もう少しお待ち下さい。

驚いたことに、これは当時、ＧＨＱが日本の放送を検閲する為に準則にしていた「ラジオコード」のほとんど完全なコピペです。パクリ。

自らが厳しく求められていた不自由さの元凶である占領軍の検閲を転用し、今度は自らの手で放送の自由をしばろうという……吉田茂内閣の目論みはそのＧＨＱ自身によって却下されるという何とも皮肉な結果になります。

その理由は次のようなものです。

面白いのでちょっと長いですが引用します。


この条文には、強く反対する。

何故ならば、それは憲法第二十一条に規定せられている「表現の自由の保証（原文ママ）」と全く相容れないからである。

現在書かれているままの第四条を適用するとすれば絶えずこの条文に違反しないで放送局を運用することは不可能であろう。

反対の側から言えば、政府にその意志があれば、あらゆる種類の報道の真実あるいは、批評を抑えることに、この条文を利用することができるであろう。

この条文は、戦前の警察国家のもっていた思想統制機構を再現し、放送を権力の宣伝機関としてしまう恐れがある。

——これは、この立法の目的としているところとは、正反対である。

（『資料・占領下の放送立法』（東京大学出版会）P．二〇七〜「放送法案に対するL．S（G．S）の意見」より）


これは六七年も前に書かれたものですが、このGHQの危惧した通り、結果的にこの四条は何度も姿、形を変えながらゾンビのように甦り、放送法の中に確かな地位を占めてしまうことになるんですが、その件に関しては又後で触れます。

こうまでGHQにダメ出しされてさすがにゴリ押し出来なかったのか、ここで一旦、政府は四条を削除します。翌四九年一〇月二日閣議決定されることになる放送法案の総則の中にはありません。

しかし、四四条という、日本放送協会、つまりはＮＨＫのみに適用する前提で記された条文の中にこっそり「事実をまげない」という一行を加えるのです。

（放送番組の編集）

第四十四条　協会は、放送番組の編集について、公衆の要望を満たすとともに文化水準の向上に寄与するように、最大の努力を拂わなければならない。

二　協会は、公衆の要望を知るため、定期的に、科学的な、世論調査を行い、且つ、その結果を公表しなければならない。

三　協会は、放送番組の編集に当たっては、左の各号の定めるところによらなければならない。

一　公衆に関係がある事項について、事実をまげないで報道すること。

二　意見が対立している問題については、できるだけ多くの角度から論点を明らかにすること。

三　音楽、文学、演芸、娯楽等の分野において、最善の内容を保持すること。

（政治的公平）
第四十五条　協会の放送番組の編集は、政治的に公平でなければならない。
二　協会が公選による、公職の候補者に政見放送その他選挙運動に関する放送をさせた場合において、その選挙における候補者の請求があったときは、同一の放送設備により、同等な条件の時刻において、同一時間の放送をさせなければならない。

引用したこの条文のポイントは三つあります。

一つ目は、これがあくまでNHKに限って定められようとしている準則であるということ。

二つ目はのちに格上げされますが「事実を曲げない」という準則は、「音楽や、娯楽の分野において最善の内容を保持する」という準則と並べられており、これは明らかにこの段階ではとても罰則を伴う法規範ではなく、四四条の一に記されている通り「〜最大の努力を拂わなければならない」という努力目標、つまりは倫理規範（にすぎないもの）であった点。

だってこれが罰則で、もし実現できないと放送法違反を問われるのだとしたら、例えばセンスの悪い音楽を流したり、笑えないコントを放送したら処罰されちゃうんですから。

そして、三つ目。

すぐ下の四五条にようやく登場する「政治的公平」は、もともとはそのあとに説明されている通りNHKの政見放送を巡って記されたものに過ぎなかったということ。以上です。

一つ目のポイントについて多少補足説明をすると、民放に関してはこれらの準則には全くしばられることがないことになっていて法案担当の電波監理長官だった綱島毅が国会答弁でその理由について次のように説明しています。

「民間放送につきましてはあくまでも自由闊達に、のびのびと事業の運営をやるべきである。
そのほうがわが国における今後の民間放送の発達のために非常に必要であり、またそれが適当であるということからいたしまして、民間放送の発達を考えまして、わざわざ条文において事こまかく書かなかったのであります」

にも、かかわらず、この長官の発言からわずか一カ月後。一九五〇年の四月になって突然、本当は突然ではなく恐らくこのタイミングを狙っていたのでしょうが、準則は次のように変更されます。

○放送法案修正案（一九五〇年四月七日）

（第二章　日本放送協会）

第四十四条第三項を次のように改める。

三　協会は、放送番組の編集に当たっては、左の各号に定めるところによらなければならない。

一　公安を害しないこと。

二　政治的に公平であること。

三　報道は事実をまげないですること。

四　意見が対立している問題については、できるだけ多くの角度から論点を明らかにすること。

（第三章　一般放送事業者）

第五十三条

第四十四条第三項の規定は一般放送事業者に準用する。

現行法につながるこの四つの出自をもう一度ここで確認しておきましょう。

一の公安を害しないことはＧＨＱの日本占領政策の検閲として定められたラジオコードであり、ＧＨＱに時代錯誤だと一旦却下されたものです。

二の政治的公平は先述した通りＮＨＫの選挙放送のルール。これは、「政治的公平」がこの準則に格上げされると同時に八ページで紹介した第四五条の見出しから（政治的公平）が消え（候補者放送）に書き替えられている事実から明らかでしょう。三と四は「センスの良い音楽を流してね」と言った条項と並べられていた努力目標。つまり倫理規定。

どれひとつとってもそれまでに、これを将来的に放送従事者に義務規定として求める前提で議論を重ねたことのない寄せ集めの鬼子のようなものばかりです。

大切なので表にしてみましょう。

| | |
|---|---|
| 一　公安を害しないこと | （ＧＨＱのラジオコードのパクリ） |
| 二　政治的に公平であること | （ＮＨＫの政権放送の一般放送へのルールの拡大転用） |
| 三　報道は事実をまげないこと | |
| 四　意見が対立している問題についてはできるだけ多くの角度から論点を明らかにすること | （文化水準の向上に寄与するための努力目標）<br>（同上） |

今、現在、政府が倫理規範ではなく法規範でありこれに違反したら放送法の義務違反を問い、罰則規定まで求める基準として揚げている規律の出自と実態とはこのようなものです。

しかも、明らかに趣旨が違う、つまり位相の違うこの四つのルールがなぜ一律に並べられているのか国会の場では何ら説明すらされていません。

しかも続く第三章に一言「一般放送事業者に準用する」と書き加え一カ月前まではＮＨＫのみに、と説明されていたこれらの準則をここで突然民放にも適用を決定するというだましうちのような展開をみせるのです。

## 「担当官庁が対応するのが当然」であるという誤解

さらに重要なことがもうひとつあります。

それは、これらの準則含め、放送法によって放送を監督する主体、つまり法案の主語は、この時点では「公権力」ではなかった点です。

前回の私見でもちょっと触れましたが、この一九五〇年に制定された電波関連三法の中には「電波監理委員会設置法」というものがあります。

ご存知の方も多いかも知れませんがあえて説明をすると、やはりこれもＧＨＱの意向を受ける形で「放送」を権力の直接的な影響下から切り離すという日本の民主化の一環として開設された独立行政機関でした。
審議の中で政府委員は、この行政委員会が政府からは独立した組織として提案された理由をこう述べています。

「第一に放送の規律がきわめて公平に行われなければならないこと、
第二、そのためには一党一派、その他一部の勢力の支配から分離したものでなければならないこと。
第三にその機関の政策には相当長期にわたって政変等によって容易に変動しない恒久性を持たせるとともに、
時代の変遷に伴って漸進的に改まって行く改変性をも興え得るように（以下略）。」
（一九五〇年三月八日衆議院電気通信文部委員会連合審査会での電波監理長官　綱島毅の答弁より）

なるほど。昔の人は偉かったな。

これなら僕も半分くらいは納得します。

もちろんこの委員の任命権は議会の承認を受けて総理が行うものでしたが委員会のメンバーからは国会議員や政党役員は排除されるという政治との距離についてはとても厳しいルールを持ったものでした。

しかしよく考えれば当たり前ですよね。だって「政治的公平」を判断する組織なんですから。

つまりこの時点では政府与党に放送局に対する監督権が与えられていたのではないのです。逆です。

ここは大変重要です。忘れないで下さい。

放送局の監督権つまり現在四条に記されている政治的「公平」を判断する主体からは政治家も政党も厳格に排除されていた。政治家が政治的公平を判断するのは「不公平」だと思われていた。そのほうが当然だったわけです、昔は。恐らく今も、世界では。

これは僕の推測ですが、政府から独立したこの「電波監理委員会」設置と、四条の「規律」条項の実質的復活がバーターとして取り引きされたのではないか。GHQと政府の間で。このあたりの事情についてては僕の手元にある資料を読んでもよくわからない。すみません。誰か詳しい人がいたら教えて下さい。次の私見に反映させます。

まぁ、そんな僕の憶測はともかく、少なくとも、ここで掲げられた政治的「公平」は仮にこれを倫理規範ではなく義務と捉えるにせよ規律を監督する組織は前提として政府から切り離されていた第三者委員会だったということです。いいですか？　大切なので何度でも繰り返します。

つまり、三条に記されている「放送番組は、法律に定める権限に基づく場合でなければ、何人からも干渉され、又は規律されない」。

これは戦前への反省からもともとは軍部の放送への介入を戒めたものですが、ここで触れられている干渉したり、規律を求めたりする権限を有していたのは「電波監理委員会」のみだった。だからこそ「電波監理委員会設置法」の四條権限の二〇に「電波を監視し、及び規律すること」と明文化されているのです。

放送に規律を求めることが出来たのは首相でも大臣でも、官房長官でももちろん一党一派に過ぎない「情報通信戦略調査会」でもなかったという事実は是非覚えておいて下さい。

## 監督権はどのようにして公権力の手に奪い返されたのか？

にも関わらず、です。二年後、さらに大きな悲劇が放送法を襲います。

ここからが今回の私見の最大のポイントです。一九五二年。GHQがいなくなると当初からそこまで放送を民主化したくなかった政府はこれ幸いとばかりにGHQのありがたくない置き土産だった電波監理委員会を廃止し、その監督権を政府の手に取り戻すわけです。

つまり、「規律」の内容はそのままに判断の主体だけを政府（郵政省）に置き変えてしまった。

放送という私たちの社会の公共財を公権力の直接的な支配から守るために作られた法律、制度です。

法律の趣旨を踏みにじるというか、一八〇度逆転させてしまうようなそんな書き換えが良く許されたなと正直驚きを禁じ得ません。

まぁ、よっぽど放送というものが他人（国民）の財産になるのが嫌だったんだと思いますが、GHQが目をそらしたすきに、「公安」というキーワードを復活させ、NHKだけだからと嘘をつきながら、政見放送の約束を格上げにし、努力目標を並べたあとに民放へ適用を拡大し、第三者委員会の管理だからと言っておいて二年で反古にする。

これが、公権力が一度手放した放送を巡る権益を、自らの元に取り戻すまでの嘘でぬり固めたプロセス（歴史）です。

これは、解釈とか、誤解などといった批判、反論を挟み込む余地のない歴史的な事実です。

どうでしょうか。少し見え方が変わったでしょうか。

これで放送法にも当然たたえられているはずの憲法の精神や、表現の自由、検閲の禁止と全く相容れない四条の「ルール」が放送法の中で共存してしまった理由に合点がいきましたでしょうか。

このような経緯で手にした権益であることを知ってしまうと「監督官庁ですが何か？」「政治家が公平を判断するのは当然だ」などと澄まし顔をされると、何か皮肉のひとつくらい言ってやりたくなる。

そんな僕の気持ちを少しはご理解いただけるかと思います。

例えは悪いですが火事場泥棒のような？　このような姑息で卑怯な詐欺に近い継承の仕方で手にした監督権をあたかもその法律の制定された当初から自明のものとして手にしていた「当然」の権利だと政府は途中から振る舞い始めたわけです。まさにGHQが予言した通り政府が「あらゆる種類の報道の真実あるいは、批評を抑えることに」「この条文を利用」し、「戦前の警察国家の持っていた思想統制機構を再現し、放送を権力の宣伝機関としてしまう恐れ」が今、現実のものになりつつある――と言ったら言い過ぎでしょうか？

## 「停波の権限は本当にあるのか？」

「我々には停波の権限がある」と、与党の政治家は声高に主張します。ここでちょっと目先を変えて放送法違反の「罰則」について少し考えてみましょう。当初政府は、のちの四条に記した「公安を害さない」という規律に呼応する形で第六章（罰則）の第八八条の三に「第四条三項の規定に違反した者は、五千円以下の罰金に処する」と明確に記していました。しかし、GHQのダメ出しを受けてこれを削除します。法案制定直前の修正によって「公安」は条項に復活しますが、この罰則は削除されたままになるんです。これは広く知られた事実ですが、放送法には規律準則を巡る五三条にNHK職員が職務に関して賄賂を収受した場合等についての罰則は記されていますが、その他には罰則が存在していないんです。

ここからは僕の推論です。専門家の方の助言、批判をお待ちしますが、一応私論を展開しておきますね。

現在政府がしばしば口にする罰則としての「停波」という表現は放送法ではなく電波法七六条にこう記されていました。

「電波監理委員会は、免許人がこの法律若しくはこの法律に基づく命令又はこれらに基づく処分に違反したときは三箇月以内の期間を定めて無線局の運用の停止を命じ（以下略）」「その免許を取り消すことが出来る」、これが、私見の冒頭で紹介した高市総務相の発言の根拠になっている部分ですね。

これは一九九三年のいわゆる「テレビ朝日椿発言」事件の時に取り沙汰された「免許取り消し」の根拠にもされた法律です。

しかし、です。遠過ぎませんか？　普通に考えて。だって、放送法の四条と電波法の七六条ですよ。これが果たして本当にフリとウケのように規律と罰則として呼応しているとは僕には全く思えないんですよ。そもそも放送法は番組の内容に関するソフトを巡る法律で電波法は明らかにハードですよ。周波数がどうしたとか船舶や航空の無線がどうしたとか。ここで取り締まられているのは主には無免許のラジオ放送についてであって、やはりこのハードの罰則をソフトの規律違反に転用しようというのは相当無理筋だと思うんですよ。そうしてでも「椿発言」を何とかこらしめる根拠が欲しかったんだと思いますが。

つまりですね、公権力はいろんな手を使ってメディアコントロールの手がかりになる規律は条文に潜り込ませることに成功したが、残念ながら放送法に規律違反に関する罰則を記せなかった。（自由を保証する主体が公権力だから、当たり前と言えば当たり前）だから、ハードの罰則で対応するしかなかった。

だからこそ、最近になってからの法改正で、この七六条の「免許人がこの法律」のあとに「放送法」と三文字書き加え無理矢理「規律」と「罰則」の距離を近づけようとしたんだと思うんです。「規律」の出自がいい加減なのと同じくらいこの「罰則」もかなり怪しいなぁと僕は感じています。

罰則を巡る攻防？　暗躍は今も続いています。

二〇〇七年に当時総務相だった菅さんを中心にまとめられた放送法改正案が国会に提出されました。

ここには四条の三の「報道は事実をまげないですること」を根拠に、「事実ではない事項を事実であると誤解させるような放送により国民生活に悪影響を及ぼすおそれ等があるものを行ったと認めるとき」は行政処分を行うという新たな案が盛り込まれました。

ここにはドラマやバラエティなどの再現ドラマも対象に含まれると記されています。

しかし、この事実か事実でないかの認定は放送事業者の自己申告を前提にするという条件付きです。

一見「自律」を保障しているようにも読めますが、「自白の強要」のようなことが行われるのではないかという懸念の声が上がって、菅さんも一旦抜きかけた刀をサヤにおさめた形になっています。ただ、少なくともこの時点までは菅さんをはじめ総務省も、法改正というプロセスを踏まないとこれ以上の規制を放送に加えることは不可能だと思っていたのです。

しかし、ここ数年に渡る現政権の一連の放送への介入はそのプロセスをすっとばし放送法を、その精神を解釈の強引な変更によって押し切ってしまおうという姿勢が顕著です。

つまり、放送法は運用でいくらでもハンドリングできると考え始めた。

どこかで聞いたような手口だとは思いませんか？

## 隠蔽され、忘却された前史

テレビと公権力の関係は本来どのような形を目指していたのか？

そして、何が間違って今のような歪んだ形になってしまっているのか？　という歴史について私たちは知り、その上で未来を考えなくてはいけません。

強引な既成事実の積み重ねによって書き換えられてしまった現行放送法下での表面的な正当性はともかく、彼らが主張する「監督権」とはこのような、正当でも全うでもない出自をその前史として持つものです。そこに目をつぶってしまうと判断を誤ります。

一〇〇歩譲って（譲りませんが）「政治的公平」が放送局の義務だとしても、その「公平」を判断する組織が前述した通り政府から独立した第三者機関であるならばまだ理解はできます。外国の例を見ても日本よりずっと厳しい罰則を伴う契約を放送と非政治的な第三者機関との間で結んでいる例も数多くあるはずです。

だってそもそも、日本の放送法もそのような契約を前提として作られていたはずの法律なんですから。

四条を「倫理規範と捉え、それを理由に行政指導は極力行わない」という珍しく節度ある態度を総務省（郵政省）がとり続けて来たのは、もちろん、放送法一条や憲法との整合性を真摯に検討した結果であると同時にこの、「監督権」を第三者機関から横取りしてしまった歴史に対する「負い目」、「罪の意識」から来ているのではないか？

それを自覚していたからこそ四条というメディアコントロールの手綱を自ら握り直した後もある程度は節度ある対応をしてきたのではないか？　と僕はちょっと文学的に考えて来ました。

今、その抑制された自己認識や自省的な歴史認識が公権力の側から急速に失われているのです。

「歴史修正主義」の波が、ここにも押し寄せているということなのでしょう。

野党？　の政治家の皆さんは是非このような放送と公権力の歴史的な経緯を踏まえた上で国会での質疑に臨んでもらいたい。あなたたちが、党利党略ではなく、私たちの代表として、私たちの共有財産である放送と、公権力の歪んだ関係を真に憂いてそこに立っているのであれば。

この出自と入籍を巡って放送法が本質的に内包するに至った「ねじれ」を解消する為には、二つの方法が考えられます。

もし、四条をあくまで放送人の義務であり行政指導の根拠だとするのであればやはり一九五〇年当初この法律が計画された通りに主語を当事者である公権力から第三者機関に変え、少なくとも政治的公平性をはじめとする「規律」についての判断は「政府」(政治)からは切り離す形(離婚)に戻すべきです。

もし、そうできないのであれば政府自らが適切とは言えない形で手にした権限の行使は最小限にひかえ、放送局の自主自律にゆだねる(別居)――という以前の態度に戻るべきです。

つまり、公権力と放送の適切な距離を六五年前のように物理的に離すか、法解釈によって従来の距離感を保つのか。

ふたつにひとつなのではないでしょうか。そのように「公権力」と「放送」がお互いを牽制し合いながらしっかりと対峙することこそ、「健全な民主主義の発達に資する」という放送法一条の目的に合致する姿だと思います。

## 放送についての「誤解」

ここ数年の公権力と放送の不適切な関係を真近で見ていて思うのは放送は一体誰のものなのだ

ろうか？　ということです。

政府は明らかにNHKをはじめとする放送を自分たちに都合の悪い情報を排除した公報機関に位置付け、公共（パブリック）から国家（ナショナル）へ取り戻そうとしていますし、一部の放送局も又、（本当に情けないですが）そのような関係の押しつけを自ら進んで、もしくは「免許事業だから」といった言い訳とともに甘んじて受け入れているように思います。

今回のBPOの意見書を巡って繰り広げられている議論があくまで新聞中心であり、多くのテレビは当事者意識の欠如した沈黙を、この期に及んでも守っている（スルーしている）ように感じるのは僕だけではないはずです。

一一月一〇日に開かれた民間放送全国大会で民放連会長がその挨拶の中でBPOの意義について触れていただいたのは心強いですが、本来であれば自らの「自主自律」を脅かすような発言が異例な頻度で繰り返されていることに対して、NHKと民放連、もしくは全国の民放各社の連名で公権力に対して抗議の声明をとっくに出していてしかるべきだと思っています。

メディアスクラムとは、誰もが当然叩いていいと思っているような相手に対してではなく、こういう時にこそ組まれるべきものなのではないですか？

今回のやりとりの中で、政府関係者の中からあたかも放送が我々公権力の所有物であるとでも言うかのように「権限」という言葉が繰り返し使われました。

「みなさまの大切な電波（放送）を預かっている」といった、昔はよく耳にしたフレーズを最近聞かなくなったのは僕の耳が遠くなったからではないでしょう。ここには公権力の側にそして放送（局）の側にも放送という社会の共有財を巡っての大きな「誤解」があるのではないかと思います。

「放送」は私たち主権者のそして私たちの社会の「共有財」です。

この認識がないがしろにされてはいないでしょうか？

これが「放送」を巡る最大の誤解だと思います。

今回の私見も先行する多くの研究者や放送人の真摯な努力の上にのっからせていただいて、ここまで書いて来ました。そんな先輩たちに心から感謝します。

あと、忘れてならないのはこの私見の為の資料集めと、たび重なる書き直しに惜しみない協力をしてくれた「分福」スタッフのみなさま。ありがとうございました。

時期は定かではありませんが、恐らくこの私見は、今後も続いていく事になるだろうと思います。

自分を育ててくれたテレビを僕はまだ諦めてはいないので。

恐らく僕のペンが次に向かうのは少なくともこのような形で「不偏不党」を保障されて「自主自律」を求められていながらその厳しさを受けとめることも出来ず、考え続けることを停止し、自ら萎縮し、他律を求め始めている「放送」そのものに向かわざるを得ないでしょう。

そこにはテレビを主に表現の場と生活の糧にして来た僕自身をも含まれるべきだと考えています。（もちろんＢＰＯも！）

放送への愛が強過ぎて当初の予定よりかなり長くなってしまいました。

最後まで読んでいただいた皆さま、ありがとうございました。

テレビのことは忘れませんがしばらくの間本業である映画監督の仕事へ戻ります。

また。

是枝裕和

参考資料

・『「電波監理委員会設置法」はなぜ葬られたのか？』松田浩（「ＧＡＬＡＣ」二〇〇〇年一〇月号）

・『ＧＨＱ放送政策裏面史——三法はこうして誕生した』内川芳美（同右）

・『検証　放送法「番組準則」の形成過程』村上聖一（「放送研究と調査」二〇〇八年四月号）

・Ｗｅｂ・すべてを疑え!! ＭＡＭＯ'ｓ Ｓｉｔｅ『放送の歴史「放送法制定までの経緯」一九四五〜五〇』坂本衛

# 「歴史修正主義」に抗するために
## ~放送と公権力の関係についての私見③~

二〇一六年三月一一日

### 特別な日に

閣僚やら議員のトンデモ発言が続いたことにより、一旦は沈静化しかけた「放送」と「公権力」を巡る議論が、高市総務相のいわゆる「停波」発言を巡って主に新聞紙面上では議論が再燃しているような状況です。

一昨年の秋あたりから始まったこの論争については、昨年一一月にこのホームページ上で発表した私見①と②で一九五〇年前後の放送法の制定にまで遡って自分なりに検証してみました。

この私見についてはおかげさまで想像以上の反響がありました。

読んで頂いた方々、改めてありがとうございます。

そこで今回は、好評に気を良くしてというか、お約束通りというか、ちょっとお約束した流れに至る前にもう一度、この放送と公権力の間での放送法を巡る「対立」が何故、どのように生じており、歴史的に見てどちらにより分があるのか？　検証してみたいと考えています。

　個人的なことですが『海街ｄｉａｒｙ』の受賞式や新作の映画『海よりもまだ深く』（五月二一日公開です）のキャンペーンで忙しい合間をぬって、このような作業に取り組む気持ちになったその原動力ははっきり申し上げると「怒り」以外の何ものでもありません。

　怒りの矛先はこれもはっきりしています。

「歴史修正主義」です。

　詭弁を弄して法律の条文に手を加え、舌の根も乾かぬうちにそれを生来手にしている既得権益であるかのように振る舞い始め、それでも変えようのない歴史については自分の都合の良いように解釈を変え、無かったことにする――そのような態度に対してです。

　それはもちろん「公権力」の側にのみ存在するわけではありません。

　彼らが私たちに見せている歴史に学ぼうとしない（大仏次郎はそれが日本人の特性だと看破しましたが）「恥知らず」な態度は、僕も含めた放送人のそして彼らを代表として選んだ私たちの姿そのものであるのだと考えています。（思いたくないけれど）

　それは十分踏まえた上で――それでもここ一年ちょっとの間に公権力側から発せられた放送についての発言と、そこからうかがわれる思惑、底意は、さすがにちょっとこれは、いくら何でも、とため息を吐かざるを得ない「無知」と「蒙昧」にあふれたものでした。

　今回の第三弾では、この間に公権力が放送に対して行った発言、書かれた文章の中からいくつかをピックアップし、どこに事実誤認がありどこに歴史修正主義が顕わになっているのかを検証してみます。

私見①②と重複する部分も多々あるかと思いますが、前二回同様、出来るだけ冷静に熱くならず、面白く読みやすいものにしますので、もうすぐ選挙権を手にする高校生のみなさんも是非読んで下さい。

とはいえ、僕は法律家でも、研究家でもない映像を業にする一いち制作者に過ぎませんので、多くの研究者の文献資料をひもとき、受験生のようなにわか勉強をしたものをまとめたに過ぎません。ですから、舌足らずな部分も多々あると思いますし、誤解もあるかも知れません。もし、ご専門の方で気付いた点がありましたらご指摘いただければ幸いです。

さすがに公権力の側からの発言やそこから垣間見られる認識がここまで浅薄だと学者やジャーナリストからも数多くの至極まっとうな批判の声が専門誌だけではなく人目にふれる形であがっているので、正直僕が新たに発見・発掘し、そこにページを加える価値のある歴史に埋もれた事実はほとんどないかも知れません。

しかしまぁ……「入門篇」的に、「放送」と「放送法」に興味を持つきっかけにしていただけるだけでも意味があるかと思いますし、何よりこのような形で一度吐き出しておかないと自分の中にたまり、淀んだ怒りがあらぬ方向に向かってしまいそうだったという個人的な事情も、実はペンを執った理由としては大きいのかもしれませんが。

さて、本題に入りましょう。

今回取り上げ、考えてみたいと思った（けっしてあげ足を取るだけではなく）トピックは次の五つになります。

① 二〇一五年三月三日。衆院予算委員会での安倍首相の発言に代表されるような「不偏不党」を放送局の義務だという考え方について。

② 二〇一五年四月二八日。「クローズアップ現代」の〝出家詐欺〟を特集した番組に対して出された山本（高市）早苗総務相の「厳重注意」。

③ 二〇一四年一一月二〇日。自由民主党筆頭副幹事長　萩生田光一　報道局長　福井照の連名でNHKと在京テレビキー局各社に送られた「選挙時期における報道の公平中立ならびに公正の確保についてのお願い」という文書の中の「公平公正、中立」という表現について。

④ 高市総務相の「政治的公平」は「大臣である私が判断する」等の発言。

⑤ 高市総務相の「停波の権限を有する」発言と、それを擁護する形で発せられた二〇一六年二月九日の菅官房長官の「当たり前のこと」。さらに一〇日の安倍首相の「従来通りの一般論」発言。

まぁ、こんなところでしょうか。これらを順番に追いながら論を進めていくのも良いのですが、ちょっとカタログ的になり過ぎるかも知れないと考え、一連の論考の中で時間軸に沿って放送と公権力の関係の変遷を追いながら、結果的に上記五つのトピックについて随時触れていくという形式をとりたいと思います。

とはいえ、とっかかりとしてまず①の「不偏不党」から始めましょう。

「不偏不党」については、昨年一一月一七日の私見①②でもかなり詳しくその成り立ちと公権力の誤解について触れたのですが、もう一度おさらいしてみます。

## 「不偏不党」は電波行政の義務である

一九五〇年に放送法が制定された当初、放送局を規律する権限は公権力ではなく「電波監理委員会」が持っていました。当然、非政治的な組織です。

だからこそ、この組織だけに放送を規律することが許されていた。

さて、一九五二年にその「電波監理委員会」が廃止になり、放送法の内容はそのままに主語だけが郵政省（今の総務省）に書きかえられる。簡単に言うと、本来権力監視（この対象の中にはもちろん政府や各省庁が含まれます）の役割を担っていた放送局が権力下に組み込まれ、規律されるというように、関係が逆転した。

普通に考えたらそんなことはあり得ない。もしそうするのなら、法律の文面くらいもう一度全部0から書き直すべきなのに、そんな手間すらかけなかった。

当然そのことに対しては疑義が発せられます。

時は一九五二年五月二三日、第一三回国会　電気通信委員会。

質問に立つのはやがて広島市長になる社会党の山田節男。

答弁するのは電気通信大臣、ご存知、佐藤栄作です。安倍首相の大叔父にあたる人ですね。

山田はこう、佐藤を問いただします。

『電波行政というものは（略）飽くまで不偏不党でなければいけない。而、公平でなくちゃいけない。電波というこれは国民の全体の共有物なんですから。（略）なぜこういう本質を持っておるものを郵政省の一局に入れるのか』。

木に竹を接ぐように、水に油を一緒にしたような変更は、「常識では考えられない」と。

佐藤はこう答えています。

『不偏不党という点になりますると、只今政党政治ではありますが、行政の部門につきましては不偏不党であることは、これは当然であります。

又、その意味においては、これは何ら国民から疑惑を受けてないのです。（略）』

ここで佐藤さんは「不偏不党」という言葉を行政に向かって使っています。

これはとても大事です。覚えておいて下さい。

この言葉のベクトルが、安倍首相が放送局に対して使っている「不偏不党の放送をしてもらいたいのは当然だ」という発言と比べてみると、一八〇度逆であることは、恐らくこの部分を読んだだけでも明らかだと思うんです。

さて、どちらが放送法の趣旨に合致していますか？

両立はしない。真逆です。

もちろん正しいのは佐藤さんです。

さすがに法律が出来てまだ二年。この法律がどのような目的で作られたものか、まだその主趣くらいは把握出来ていた。当時の政府にこの約束を守るつもりがあったのかどうかはわかりませんが。

時代が変わっても、放送法の一条や三条が変わっていない以上、安倍首相のような解釈の変更が正当化される根拠は全くないと僕は考えますが、いかがですか。

監督権を郵政省に移すことについては委員の水橋藤作もこう危惧を述べます。

『そこで仮に例を挙げまするならば、今のテレビの認可をするにいたしましても、一党一派に偏したところの場所から命令が出てそしてその問題の起りつつあるテレビなどに、大きな国民の誤解を受けたりなどしないような行き方をするためにも独立したものがいいと、誰にも拘束されないで、監理委員会独自の立場で最も公平に運営されることが望ましいと、我々こういうふうに考えるので、この点仮に今の内閣が変つた場合は、まあほかの内閣、政党によつていろいろ電波を左右される、又その政党によつて、国際情勢が変つた場合に電波の監理も又おのずから変つて来る、政党によつて左右されるというようなことは電波行政の上に非常に悪影響を及ぼすのではないかというふうに考えまするが』。

正しい指摘です。政権交代がある度に放送局への規律の基準が右に左にぶれたらたまらない。そんな態度を「自律」とは呼ばない。「他律」です。

それに対して政府委員、綱島毅は、こう述べています。

『私どもは電波行政は、特に言論機関にも関係がございまするので、一党一派に偏しない行政が必要だと考えております。(中略)こういうふうに一党一派に偏しない行政が必要であるという考え方は、今後の電波行政を行われますにつきましてもやはり私どもは必要かと考えておるのでございまして、こういう観点から、私どもといたしましては、内閣にも再三現監理委員会を存続するほうがいいと思うということを縷々説明を申上げた次第でございます。

今度の郵政省設置法においても、電波行政が不偏不党でなくちやならないという精神が組入れられまして、電波監理審議会というものが附置されまして、その審議会の委員はやはりこういうふうに一つの政党に属するかたが絶対多数を占めないようにという規定も残されておりますし、又異議の中立その他に対しましては審議会の決定が大臣を拘束するようなふうにもなつております(後略)』

放送局は郵政省の監督下に入るが、行政は政党(ここでは政権与党)に左右されない不偏不党をつらぬくし、例えば司法的な権限に関しては、その一審的な役割は、郵政省ではなく、新しく作る電波監理審議会とその決定が、大臣を拘束する形になっているから大丈夫と説明しているわけです。

質疑はさらに続きます。

文面からもわかりますが、かなり白熱します。

山田は再び鋭い指摘をします。

この放送局を監督する権限を郵政省に移したら、

『これは放送免許の認可とか取消について利権問題が必ず起きて来ると思う』と。

つまり、放送局、放送業界に対する大臣の権限の肥大化を心配した。当然です。昭和二七年四月四日の読売新聞は「電波監理委廃止とテレビ」と見出しをつけ、「NHK独占のおそれ」「政府権限集中化のねらい?」と自らも日本最初のテレビ放送網設立へ動いていた当事者としての危機感を表明しています。さらに記事の中で連合国の関係者の話として次のようなコメントを紹介しています。

「この分野では政治は出来る限り排除されねばならない、一個人一大臣が周波数の許可を与えたり、ラジオやテレビの諸法規を決める絶対権限を持つべきものでない」(中略)「もし一個人の権限で決定されるようになったら、情実によりあるものに経済力を与えたりニュースを統制したり、また昔の政府放送独占が行われるなどさまざまな権限濫用の弊がでることになろう」。

まっとうな批判ですね。

しかし、この程度の質疑で社会的な議論の盛り上がりもなくこの放送法は改正されてしまう。この後、郵政相になる田中角栄は、放送局の開局ラッシュを目前にひかえた状況で、許認可権を一手に握り、テレビ局への支配を強めていきます。系列のテレビ局がどうしても欲しい新聞社もそのコントロール下に置きます。そして、全うな批判を載せていた読売系の日本テレビでは昭和四〇年には当時大蔵大臣に出世していた田中角栄をレギュラーに『大蔵大臣アワー』なる、実質的には自民党、角栄PR番組を放送するという蜜月ぶりを示すことになります。

本来であればこの電波監理委員会から郵政省（つまり国家権力）への監督権の移行を批判するべき各新聞社が放送局開局の許認可欲しさに批判を控えたのではないかと推測する研究者もいますが、どうでしょう。反論ありますかね？　新聞社のみなさんは。

さて。六〇年以上経た今、山田さんの危惧と、綱島さんの弁明のどちらが正しかったのかは放送局を巡る現実を見れば残念ながら一目瞭然でしょう。それは、その後郵政相のポストが「利権」としてずっと田中派に占められていく歴史を見ただけで明らかです。

最早、政府は最初からこうなることを目論んでいたと考えた方がいいのかも知れません。公権力による、公共パブリックから国家ナショナルへの放送の奪還の第一歩目が、この監督官庁の変更だったのだと歴史は教えてくれます。

利権がらみという非常に不透明な状況下で放送局に対する規律の権限が公権力に移ってしまったことがやはりその後の全ての矛盾の元凶になっていると僕は思います。

**「厳重注意」という処分（罰則）は放送法の条文には存在しない。**

こんなに簡単に規律の権限を与えてしまった（これについては異議がありますが）からこそ、「厳重注意」などという物々しい名前の行政指導が監督!! 官庁から放送局に対して繰り返し出されるような事態を生んでしまうわけです。

昨年四月に総務大臣　山本（高市）早苗の名前で出されたNHKへの「厳重注意」を一部掲載します。

> 日本放送協会
> 会長　籾井勝人殿
>
> 「クローズアップ現代」に関する問題への対応について（厳重注意）
>
> 総務　大臣
> 山本　早苗

貴協会が平成二六年五月一四日に放送した「クローズアップ現代　追跡〝出家詐欺〟～狙われる宗教法人～」において、事実に基づかない報道や自らの番組基準に抵触する放送が行われたことは、公共放送である貴協会に対する国民視聴者の信頼を著しく損なうものであり、公共放送としての社会的責任にかんがみ、誠に遺憾である。

放送法（昭和二五年法律第一三二号）第四条第一項第三号においては、「報道は事実をまげないですること」、また、同法第五条第一項においては、「放送事業者は、放送番組の種別及び放送の対象とする者に応じて放送番組の編集の基準を定め、これに従って放送番組の編集をしなければならない」とされているところ、今回の事案はこれらの規定に抵触するものと認められる。

よって、今後、このようなことがないよう厳重に注意する。

（後略）

（傍線は是枝が加えました）

さて、この文章のどこに問題があるか？

担当の大臣が問題のあった放送局に対して、放送法違反があったのだから、厳重注意をした。

何か問題でも？　と高市大臣は言うでしょう。

しかし、放送法にはこのような罰則はないのです。

では、この「厳重注意」が何に基いているかというと「行政手続法」です。そこは省略されている。

だからこの文章を正確に記すとこうなります。

「〜〜今回の事案は（放送法の）これらの規定（四条）に抵触するものと認められる。よって今後このようなことがないように行政手続法に基づき「行政指導」（厳重注意）する」

では、なぜこう書かないのか？

まぁ印象操作でしょう、目的は。これを省けばあたかも放送局を放送法に基づいて「処分」したように見えますからね。

繰り返しますが、放送法は憲法が、公権力の私達への約束であるのと同様、この場合は放送局への「介入はしないよ」という約束が主な目的です。だから罰則がない。だから四条は倫理規範なんです。にもかかわらず、そのことを意図的に隠蔽し、四条は放送局が守るべき法規だという誤読を正当化するためにここに本来登場すべき二つの法律を一つにしている。

姑息ですね。

そもそも公権力を監視しなくてはいけない、その責務を担っている放送局に対して、例えば交通違反を道路交通法によって国土交通省が取り締まったり行政指導するのと同様に監督権限に基

づいて指導、処分をすること自体、本来慎むべき態度だと考えられて来ました。（特に四条については）

この点について「日本の放送法の特徴と放送の自由」という論文の中で鈴木秀美さんがこう記しています。

『学説では、放送事業者の表現の自由の観点から、番組編集準則は「精神的・倫理的規定」にすぎないと考えられており（一種の合憲限定解釈）、番組編集準則に違反したことを理由に電波法七六条による運用停止や免許取消を行うことはできないし、行政指導も許されないと考えられている。その背景には、放送行政が、一九五四年に廃止された電波監理委員会のように政治からある程度の距離をとることが可能な独立行政委員会ではなく、独任制の大臣に委ねられているという監督の仕組みについての問題がある。米、英、仏、独などいわゆる先進国では、放送行政の担い手は、通常、行政府から独立した合議制の監督機関に委ねられている。かつては郵政省もこの問題を意識して、番組編集準則を「精神的規定の域を出ない」と国会で説明していた（鈴木秀美ほか編「放送法を読みとく」百九十五頁［西土彰一郎］参照）』

よくわかりますね。

でも、現政権は「倫理規範」は間違いだ「法規範性」を持つのだ、と言い張っている。最近はさらに「性」がとれて「法規」だと断定的口調になった。では、この四条について、どのように説明されていたのか？　前回よりもかなりしつこく歴史を遡って検証してみましょう。

## 政府・郵政省は四条を判断する権限を与えられていない

一九四八年六月一八日。国会に提出された放送法案について、四条に記されていた「公安を害する」放送に罰則がないことを巡って、次のような質疑が行われています。

――新谷寅三郎参議院議員

『公安を害する行爲に対しては、何故罰則をお附けにならなかつたのか、そういうことはあり得ないというお考えでありましょうか』

――鳥居博逓信省臨時法令審議委員会主査

『第四條そのものはニュース記事の眞実性を守らせるという一つ道義規定でございまして。（中略）何か公安を維持するのは、こうだという昔の治安維持法のような法律でもございますれば、公安の概念は極めて明確に相成りますが、現在日本におきましては、そのような意味での公安を規定した法規は存在しないのであります。従いまして罰則におきましては、概念の明確な風俗壊乱だけに限定いたしました』

つまりですね、「公安」とは何かを規定した法規は法令上存在しない。それを認定する手続も法定されていない以上、これを理由に罰を与えることは不可能――というのが、行政側の見解だったわけです。わかりやすいでしょ。

これを（倫理規定）と呼ばずしていったい何を（倫理）と呼ぶのだということなのですが――これに基づいて考えれば四条の「公安」以外の例えば「善良」や「公平」も又、そのことが法律で定められていない以上、何をもって「善良でない」「公平でない」と言えるかという根拠は法律のどこを探しても存在しないわけであるからして、これを罰則を伴う法規範であるというのはどう考えても無理です。不可能です。少なくとも法的には。僕は七〇年前のこの逓信省の鳥居さんと同じように考えますが、高市大臣はこの四条違反について最終的には「私が判断する」と言っている。でも、何が「公平」か、「公安」かは法的には示されていない。にも関わらず、高市大臣は何を根拠に「不公平」を判断されるのでしょうか?

私であると彼女は言いました。大臣である私が、と。私は公平である。だからこの法律を恣意的に運用することなどあり得ない、と。そう受け取るしかない。

彼女は「神」なのでしょうか?

今まで多くの歴代郵政相は、少なくともそのような傲岸不遜な態度はとってきませんでした。


もう少し歴史のページを辿り直しましょう。

続いて一九七二年の廣瀬大臣の考え方。

ここで四十四条と言われているのが、今の四条です。

――国務大臣(廣瀬正雄)
『具体的に申しますと、放送法の第三条に、放送番組編集の自由ということが大原則としてうたわれておりますわけでございまして、さらにまた、番組の内容につきましては、四十四条の三項に準則が列挙されておりますわけでございまして、実は私は郵政大臣になりました当初は、どうも暴力事件が非常に多い、また、放送の内容が卑わいなわいせつな面が非常に多いというような感じがいたしましたので、(中略)

四十四条の三項に暴力を排除するとか、あるいはわいせつ行為を排除するとかというようなことをうたってはどうかというような感じが強く一時したことがございますけれど、いろいろ考えてみますと、あの四十四条の三項はどうも道徳的な規定のように考えられるのでございまして、ということはビデオテープなんか全然とっちゃならない、とらないことになっておりますわけでございます。

これは、まあたてまえとしては、当然だと思っておりますわけでございますが、それとあの準則に違反するということになりましても、一つ放送の一部にそういうような事実がございましても、それだけじゃだめなんでございまして、全編を通じまして、あの準則に違反するものでなくちゃならない。全編を通じてそうした事実がなければならない。さらにまた、全編を通じてそういうことがございましても、一回限りではだめでございまして、何度かそういうことが繰り返されて、その放送の習性と申しますか、性格と申しますか、というものが、そういうものだというような事実がなくちゃだめなんでございまして、つまり、総体的に判断をすると。短時間ではだめ、しかも、全編を通じて、やっちゃならぬことが、繰り返されなくちゃならないというようなことを考えますと、なかなかあの準則で違反を捕捉するということは、これは不可能に近い、不可能といっても差しつかえないと思っておりますわけでございます（逓信委員会会議録第二十一号）』

廣瀬大臣は四条の準則で放送法違反を捉えるのは不可能であると明記しています。憲法二一条の表現の自由を踏まえた、読み間違いようのないご判断です。

もう少し続けましょうか？

次は七七年の国会における政府委員の放送法四条についての答弁です。

——阿部（未）委員

『そこで大臣、政治的な公正を欠いた場合には、先ほど申し上げた電波法の七十六条による規定が適用される。したがって、私いまから申し上げるのは四十四条の三項の二に違反をするかどうかが問題になるわけですが、違反をしておるとするならば、電波法七十六条の適用があると理解をしていいかどうかです』

——石川（晃）政府委員

『お答えいたします。この番組につきましては、御案内のとおりその検閲ができないということになっております。したがって、番組の内部に立ち至るということはできませんから、そういう意味で番組が放送法違反という理由で行政処分するということは事実上不可能でございます』

――石川（晃）政府委員
『その放送番組の基準は、ほかの章にございますようにそれぞれの会社において、いわゆる事業者において決定する。その番組の基準に従って行っていただくわけでございまして。その基準の内容に政府が関与するということはないということでございます』
――阿部（未）委員
『基準の内容に関与することがなければ、放送法四十四条というのは要らぬじゃないですか、これは。放送法四十四条に法定してあるということは、その基準の内容はこれを満たすものでなければならぬということではないのですか』
（中略）
――石川（晃）政府委員
『一例を挙げますと、たとえばここにございますような「公安及び善良な風俗を害しないこと。」とか、あるいは「政治的に公平」ということにつきまして、こういうものは政治的に不公平であるとか、こういうものが善良な風俗を害しているとか、こういうようなことを言っているわけではございませんでして、これはそれぞれの放送事業者において判断して、その趣旨にのっとって番組基準をつくる、こういうことでございます』

——阿部（未）委員

『そこで、その放送基準がつくられて、それが少なくとも政治的な公平を欠くものであるとか、あるいは公序良俗に反するものである場合には、この法律に違反するということになるわけでしょう』

（中略）

——鴨説明員

『四十四条三項にございますのは放送事業者が守るべき準則でございまして、先生御指摘のように、違反をしているという事実が出てくる場合もございますけれど、先ほど局長がお答え申し上げましたのは、そのような四十四条三項違反という事実につきまして、政府、郵政省がこれを判断する権限を与えられていないということをお答え申し上げたわけでございます』

（中略）

――阿部（未）委員

『ですから、私が電波法の七十六条の解釈はだれがやるのですかと言ったら、郵政省がやるとおっしゃったでしょう。放送法四十四条は放送法であるかないかと言ったら、放送法四十四条は放送法である。それなら四十四条の中に明記されておるわけですから、それに違反しておるかしておらぬかは郵政大臣がやらなくてだれがやるのですか、だれが決めるのですか』

――鴨説明員

『これは先ほど局長からも御答弁申し上げました中に触れておりますように、放送法の三条がございまして、先生よく御承知のとおりでございますが、「放送番組は、法律に定める権限に基く場合でなければ、何人からも干渉され、又は規律されることがない。」ということでございまして、番組に関しましてその違反を郵政省が判断する権限がないということは先ほどから申し上げているとおりでございますが、その違反という事実そのものは、放送事業者が放送法三条の趣旨によりまして自主的に判断をするべきものというふうに考えているわけでございます』

これが放送法の四条の倫理規範を巡る解釈の歴史の一部です。

こう歴史を辿っていくと、今の高市大臣の発言や政府の見解の「従来通り」という説明が少なくとも正しくないことぐらいはご理解いただけると思います
歴代の郵政大臣は、表現の差こそあれ、この基本的な考え方自体は踏襲し共有し来ています。もちろんですね、姑息な手段によってとは言え結果的には放送の監督権は郵政省（現・総務省）のもとに取り戻しているわけですから、彼らも表向き規律の権限がないとは言えません。プライドとして。

だから、次のような言い方になります。放送法によって放送局を取り締まり、処分することは「法律上（法文上）の権限は有しているが放送法の「自主自律」の趣旨を考えると、この権限の行使は現実的には不可能である」つまり「権限はあるが行使出来ない」。

これで答弁としては一〇〇点です。郵政省は「従来」ずっとこれでやって来た。これが歴史的な事実です。

では、安倍・菅・高市大臣ら現在の公権力が「従来」と言っているのは、いったいいつからな

のか？

彼らの修正された「歴史」はいつから始まったことになっているのでしょうか？

それは恐らく一九九三年だろうと思います。

この年に何があったか。そう、放送局の報道局長が国会で証言を求められる（つるしあげ）事態におよぶテレビ朝日のいわゆる「椿発言」事件が起きた年です。

## 「公正・公平」とは量的なバランスをとることではない

「椿発言」について触れる前に、僕の数少ない番組制作上の実体験についてちょっと触れておきましょう。

もう二〇年以上前になりますが、ＮＨＫで臓器移植についての番組を作ったことがあるのですが、その時に、ある犯罪被害者と、その被害者の遺体とされた身体から臓器を取り出した行為を巡って、司法解剖の結果、きちんとした脳死判定の前に病院が損傷した脳の治療よりも移植を前提に臓器を新鮮に保つための治療というか、投薬を家族の承諾もなくしていたことがわかり、問題となった事件を扱った番組でした。

取材と編集を終え、あとはナレーションを加えるだけになった段階で編集室だったかＭＡルームだったかに確かＮＨＫの法務部というところから電話が入り、このナレーションとこのナレーションの表現をこう変えて下さい。編集も脳死判定に賛成意見と反対意見の秒数を同じにして下さいとほぼ命令に近い形の依頼がありました。

僕がその時に「秒数を同じにすることと、公平さを保つことは次元の違うことではないのですか?」と問い返すと担当者は「秒数を同じにしておけば仮に訴えられた時に負けないのです」と、非常にわかりやすく情けないくらい明快にその根拠を説明してくれました。

今、ふっとその法務部の部屋の風景が頭に浮かびましたから、後半のやりとりは部屋を移し直接話したのかも知れません。

確かにそれは、NHKという巨大組織が、自己防衛の為に考え出したシステムであり、考え方なのでしょうが、それが真の意味での放送の「公平さ」とは無縁のものであることはすぐにわかりましたし、そんなことはこの修正を要求した男の人も充分理解されてはいたのでしょうが。

ただ、こうした小手先だけの「公平」を自己保身の為に繰り返していると、いつしか思考は停止し、誰も深いところでの「公平」とか「公正」について考えることを停めてしまうのだと思うのです。

これは想像ですが、恐らくそのような下地があった上に、よりによって「国営」と「公共」の区別もつかないような新しい会長がやって来て、質的にではない量的な悪平等を現場に指示し、そのことに多くの制作者が黙るか従うかしてしまった。

「公平・公正」は量的にバランスを取るものではなく質的なものであり、放送における「公正さ」とは、例えば番組で批判をした対象に対して、反論の機会を提供することである——と、何で読み習ったのかはすぐには出て来ませんが恐らくテレビジャーナリズムについて書かれた本をひもとけば、一ページ目に書かれているような原則だと、僕はとらえておりました。

そんな原則論を口にすることすら憚られるような現実が、NHK全体を既に覆っているのかも知れません。

そんな息苦しさがNHKだけでなく民放も含めた放送界全体を覆ってしまうような状況の中で、一通のお願いが自民党から各放送局に送られてきました。これは短いので全文掲載しておきましょう。

平成二六年一一月二〇日

在京テレビキー局各社
編成局長　殿
報道局長　殿

自由民主党
筆頭副幹事長　萩生田　光一
報道局長　福井　照

選挙時期における報道の公平中立ならびに公正の確保についてのお願い

日頃より大変お世話になっております。

さて、ご承知の通り、衆議院は明二一日に解散され、総選挙が一二月二日公示、一四日投開票の予定で挙行される見通しとなっております。

つきましては、公平中立、公正を旨とする報道各社の皆様にこちらからあらためてお願い申し上げるものは不遜とは存じますが、これから選挙が行われるまでの期間におきましては、さらに一層の公平中立、公正な報道姿勢にご留意いただきたくお願い申し上げます。

特に、衆議院選挙は短期間であり、報道の内容が選挙の帰趨に大きく影響しかねないことは皆様もご理解いただけるところと存じます。また、過去においては、具体名は差し控えますが、あるテレビ局が政権交代実現を画策して偏向報道を行い、それを事実として認めて誇り、大きな社会問題となった事例も現実にあったところです。

したがいまして、私どもとしては、

・出演者の発言回数及び時間等については公平を期していただきたいこと

・ゲスト出演等の選定についても公平中立、公正を期していただきたいこと

・テーマについて特定の立場から特定政党出演者への意見の集中などがないよう、公平中立、公正を期していただきたいこと
・街角インタビュー、資料映像等で一方的な意見に偏る、あるいは特定の政治的立場が強調されることのないよう、公正中立、公正を期していただきたいこと
——等について特段のご配慮をいただきたく、お願い申しあげる次第です。
以上、ご無礼の段、ご容赦賜り、何とぞよろしくお願い申し上げます。

（傍線は是枝がつけ加えました）

もちろん選挙時の政見放送のような、特殊な状況の場合、候補者に対する取り扱いが通常よりはある種機械的に、あえていえば悪平等になるのもしかたはないかも知れませんが、ここに自民党が記したように発言回数や時間、ゲストの選定に加え、正直、議論が始まってみなければどう話題が広がるかわからない（だからこそテレビとして面白いはずの）テーマを巡る意見のバランスにまで言及しているのは異常です。これは明らかに番組の（内容）（演出）を巡る話で、そもそもこのような形で公権力がというよりは一政党が（監督官庁ですらなく）これから放送される番組に介入するということを放送法は厳しく禁じているのですから。まさにそうしないことこそが、放送が「公平公正」と「不偏不党」を獲得する為の前提条件です。

「偏向放送をするな」と言うこと自体が、自らも認める通り「不遜」で「無礼」であるだけでなく「自主自律」という放送法の趣旨を無視した行為であるわけでこれは「ご容赦」してはいけないのです。むしろ、公権力の側にこそ「行政指導」を出すべきです。にもかかわらず放送局は明確な形で反論を口にしませんでした。

そもそも「公平　中立　公正」を何に基づいてどのように、誰が判断し得るのか？という根本的な問題についてはあとでもう一度論じることにして、ここではもうひとつの事実誤認を指摘しておきましょう。

この文章ではあえて、（いやらしく）「あるテレビ局が」と具体名は差し控えられて書かれていますがこれは一九九三年に起きたいわゆるテレビ朝日の椿発言を指しています。

この文面の中に政権交代を画策して偏向報道を行いとありますが、これは間違いです。発端は一九九三年一〇月一三日の産経新聞のスクープでした。「総選挙で非自民政権誕生を意図し報道民放連会合でテレビ朝日局長が発言」の見出しで朝刊一面に掲載された記事は、椿さんが「非自民政権が生まれるよう報道せよ、と指示した」という彼の発言を伝えました。

これが大きな波紋を呼び、政権を手放した直後の自民党から放送法四条違反の偏向報道だという批判が噴出するわけです。

しかしその後の調査の結果そのような事実は認められず、偏向報道がなかったことは当時の郵政省も認めています（にもかかわらずこの一連の産経の報道が「新聞協会賞」を受賞したというのは僕には全く理解できませんが）。これが歴史的な事実です。

ですからこの時テレビ朝日に郵政省から出された「厳重注意」は、放送法四条違反に基づくものではなく役職員の人事管理などを含む経営管理面で問題があったというものでしかなかったわけです。自分たちが政権からスベり落ちた理由を政権交代実現を画策した「テレ朝」「ニュースステーション」「久米宏さん」のせいにしたかったその憤まんやるかたない気持ちにはもちろん同情も共感もしませんが、理解はできます。

確かに、具体的な指示を現場にした事実はなかったとはいえ、民放連の「放送番組調査会」での椿さんの発言は話を盛ってしまった一種の「武勇伝」であり、はっきり言えば酒の席で充分な下品な「手柄話」でした。

## 「自由民主党はそんな恐ろしい組織じゃありません」

九三年一〇月の衆議院政治改革特別委員会で行われた椿さんの証人喚問で、自民党の谷垣さんは次のように質問します。

谷垣委員
『私は、これはやっぱりテレビ朝日は相当な、中での実態解明の努力をされなきゃいけない。

なぜかと申しますと、新聞や雑誌ですと、御発言の内容は後々まで我々調べて、こういうことを言ったじゃないかとか、これはおかしいよということが言えるわけであります。ところがテレビですと、今たまたま私がメモした例を申し上げましたけれども、電波は流れてしまう。ビデオを撮って監視している人なんて余りいないんですね。残念ながら、自由民主党、資料を探しましたがほとんどありません。自由民主党はそんな恐ろしい組織じゃありません。

「ニュースステーション」の番組を逐一撮って後から問題にしよう、こんな組織は恐らく日本の国家組織にもないと思いますし、まあこういうことをやっている組織があったらこれは極めて私は恐ろしい組織だと思うんです。

それが本当の意味ででき切るのは、こういう問題であって、本当にテレビ朝日の報道が不偏不党である、公正であるということをきちっと立証できるのは、その番組をきちっとしているテレビ朝日しか私はないと思います。

外から手を入れないで、内部でやろうと思ったら、それは私はテレビ朝日はきっちりやっていただかなきゃならないと思います。

これは、あなた、椿さんに申し上げることではないんですが、要するに、今内部でいろいろ調査会をやっておられる。この間、サンゴ事件というのがございました。私はあのときのことを聞きますと、朝日新聞は非常に努力された、何も朝日新聞にごまするわけじゃありませんが、相当中で厳しい調査をされたというふうに理解しておりまして、それはりっぱな努力だと思うんです。

私はマスコミが自浄努力ということをおっしゃるんなら、テレビ朝日もぜひぜひそういうきちっと検討されまして、外部の者にもこれは公正だったという結論がはっきりわかるような、まあこの結論がどうなるかわかりませんけども、そういうものをぜひ出していただきたいとご要請して、私の質問を終わります』

谷垣さん。今はかなり無理をされてなのか変節されたのか、政権にひっぱられる形で強面（こわもて）に振る舞ってらっしゃいますが、ここでの谷垣さんの質問に含まれる自主自律や放送と公権力の関係のとらえ方は、かなりまっ当だと思います。

しかし。一九九八年、この「椿発言」から五年後、自民党は「報道モニター制度」を創設します。

これは全国約二〇〇〇名のモニターによって「不適切」な報道をチェックし、党に報告、報道機関に抗議することを目的としたものです。

ここで谷垣さんが否定的に触れていたような、放送番組の「ビデオを撮って監視し」「逐一撮って後から問題にしよう」という「恐ろしい組織」に自民党は変質したということですね。恐らくそれは「公平公正」を目的にしたからではなく、二度と政権を手放さないために。谷垣さんはこの変化をどう思っているのでしょうか。

彼らはそのような形でこの事件を教訓にし、四条の解釈を「倫理規定」から「法規範」に大きく舵を切ったわけです。

「椿発言」事件を受けたあとの、九三年一〇月二七日の衆院逓信委員会で江川郵政省放送行政局長は次のような答弁を政府と一体化して行っています。行政の不偏不党はどこへやら。

> 『政治的公平ということにつきましては、放送法は表現の自由を保障する一方で、御案内のように、同法第三条の二の第一項第二号におきまして、放送番組の編集に当たっては「政治的に公平であること。」というふうに求められているところでございます。

そこで、その政治的公平であることというのはどういうことかということにつきましては、不偏不党の立場から、特定の政治的見解に偏ることなく、放送番組が全体としてバランスのとれたものでなければならないと考えておりまして、あわせて同項第四号の趣旨との関連におきまして、政治的に意見が対立している問題については、積極的に争点を明らかにし、できるだけ多くの観点から論じられるべきものだというふうに考えております。

それで、では政治的公正をだれが判断するのかというところでございますが、これは最終的に郵政省において、そのこと自身の政治的公正であったかないかについては判断するということでございます。

ただ、その判断材料につきましては、放送番組の編集に当たっては自主性をたっとぶという立場にございますので、まず、放送事業者において、我が番組における公正さというものを説明してもらう、それを受けて我々が判断するというふうにしているところでございます』

この答弁の大きな問題点はこの発言の中で、「不偏不党」を自らにではなく、明らかに放送局に対する義務として使っていることに代表されるように、非常時をいいことに、なしくずし的に放送法を放送局取締法に変質させようとしている点にあります。

ここで公権力は、放送法の成立時の趣旨や目的を怒りにまかせ大きく踏み外した。

これが歴史的事実です。

自民党は放送メディア監視の為の道具として第四条を使うことに決めた。

その出発点にあるのはしかし、彼らが頻繁に口にする「公正・公平」ではなく明らかに政権を手離したことに対する「焦り」や「責任転嫁」だと思いますけれども。だからこそあのような「お願い」が「椿発言」を例にとりながら選挙のタイミングで出てくる。

この「お願い」は当時テレ朝の四条違反疑惑により「停波」がとりざたされたことを憶えている人たちにとっては十分な威嚇になったことでしょう。

自民党はこのような形で椿事件を見事に（悪い意味でですが）教訓にして変質、変節を重ねていった。

では、もう一方の放送の側が、この事件から教訓にしたこと、すべきだったこと、一般の国民に広く知らしめるべきだった事実は何だったのか？

椿さんは放送法四条の「政治的公平」に違反しているということが厳しく批判されたわけですが、そもそも、『放送法は放送された中身を問題にするのであって、テレビ番組以外のところで何を発言しようと、放送法で規制することはできない』（原寿雄『「不偏不党」報道はあり得ない！』（週刊金曜日一九九三年一一月一二日）ことは自明であります。実は問題視されたこの会合の中で椿さんは自民党の「ニュースステーション」に対する執拗な介入、どう喝の事実を明らかにしています。ちょっと読んでみましょう。

『久米宏に対する風当たりというのはほんとにひどいんです、はっきり言いまして。もちろんそれは自民党側なんですが、それはまぁヒステリックと言うよりは、もう僕はやはり暴力的なものであったというふうに考えておるわけなんです。
例えば、昨年山下厚生大臣が、「『ニュースステーション』のスポンサーの商品はボイコットすべきである」というような発言がありまして、それ以来いろいろなレベルを通じて、例えば、社長から私の報道局長から、それから政経部長、現場の記者、そういうものに対する風当たりというのは、抗議と言いますかそういうものはもう数えることが出来ないぐらい多いわけなんです。例えば、私どもの前の社長の桑田は民放連の会長でございまして、「去年の事業税の優遇措置を継続していただきたい」という陳情を民放連会長が行く時、「報道局長もちょっとついて来い」と言われてまいりますと、その民放連会長に対する不満じゃなしに、――民放連会長としてももちろん行っているわけなんですが、――出てくる話は「ニュースステーション」に対する不満なんですよね。「よく、どの面下げてここへ来たか」とか、「お願いお願いでなんだ」とか、これは民放連の専務理事もいろいろご経験なさっていらっしゃると思うんですが。立派な自民党の先生方のおっしゃることというのはまったく腹立たしい感じがいたしました。

（中略）

そのピークがやっぱり自民党の梶山幹事長が、ご承知のように、テレビに出ようと言って「ニュースステーション」スタジオに来まして、その際、久米宏が「ずーっと釈然としなかったんですが、この際お聞きしたい」という前を振りまして、「梶山さんが通産大臣の時に、自動車メーカーのトップを集めてニュースステーションのスポンサーを降りることを求めたという報道が一部でありますが、それはほんとうのことですか」というような質問をしたわけなんです。このあとその自民党の梶山幹事長周辺、それから、自民党関係者のわれわれに対する圧力たるやそれはもう大変なものでした。

私どもの記者はまったく幹事長室への立ち入りは禁止されましたし、「選挙期間中の梶山幹事長の出演は辞退せよ」ということが上から下りてまいりますし、それから、説明に行った政経部長が一時間も放置されて会えないというようなこと、はっきり言いまして、公党の幹事長が行うような行為ではなかったというような印象を私は持ったんです。（一九九三年九月二一日　「民放連第六回放送番組調査会議事録」より）』

ここで問題にし、なおかつ歴史的に教訓とすべきだったのは、彼が語ったような政権与党による番組の介入だったはずです。その介入の事実をそれこそ隠し録りするなり、なんなりして公にし、(もちろん本人をスタジオに呼んで充分反論する機会を与えながら)白日の元に晒すことだったのではないかと思うのです。

公権力の放送への介入、圧力はこの時始まったわけではもちろんなく一九六〇年代のTBSを舞台にその裏で繰り広げられた圧力と、それによる田英夫キャスターの「ニュースコープ」降板等、枚挙にいとまがないほど繰り返されてきたことであって。

もちろんそのようなことこそを戒め取り締まるのが本来の放送法なのですから正しい解釈に基づいて、拒絶するなり反論するなり、鼻で笑うなり、バカなふりをするなり、それぞれすれば良いと思います。基本は。

ただ、この時、その事実を「表」にきちんと出しておけば、そして他局もその「失敗」をあざ笑うのではなく放送界全体の共有財として教訓にしていれば、この椿発言は単なる放送側の公権力に対する「汚点」「失態」としてではない、別の「歴史」として定着出来た可能性もあった。そうすることが出来ていたら、放送と公権力の関係にとって、もう少し違った「今」があったように思います。

それが残念でなりません。

誤った歴史を重ねてしまった結果、放送がその不偏不党や政治的公平を一方の当事者である公権力に処分をちらつかせられながら管理監督されるという、およそ考えられないようなパワーバランスを、公権力も、多くの放送局も、そして視聴者も、当然のものとして受け入れるようになってしまった。そのパワーバランスが変質し放送法が放送局監視法に変質したあとから、自民党の歴史の教科書はスタートしているようです。つまり、一九九三年以前は前史として封印し、なかったことにした。でなければ彼らの今現在の発言をとても「一般論」「従来通り」とは言えないでしょう、恥ずかしくて。

だからこそ、BPOがその政府の放送への介入を歴史に基づいて「まっとう」に批判した意見書に対して平然と‼ 大臣から反論が出されるわけです。

平成二七年一一月六日

NHKの番組に対するBPOの意見についての総務大臣談話

一　昨年五月に放送されたNHK「クローズアップ現代」に係る、四月二八日の行政指導については、昨年五月に放送されたNHK「クローズアップ現代」の内容が放送法に抵触すると認められたことから、放送法を所管する立場から必要な対応を行ったものであります。

二　また、放送法における番組準則に違反したか否かは、一義的には放送事業者が自ら判断するべきものですが、最終的な判断は、放送事業者からの事実関係を含めた報告を踏まえ、放送法を所管する総務大臣が行うものであります。つまり、放送法の番組準則は、単なる倫理規範ではなく、法規範性を有するものであります。

三　総務大臣による行政指導が拙速との指摘もなされていますが、四月九日のＮＨＫによる調査委員会の中間報告で事実関係が概ね明らかであり、また、四月二八日に最終の報告書が公表された後、その内容をしっかりと熟読し、一刻も早く具体的な再発防止体制を作っていきたいという強い思いから行政指導文章を作成したものであり、拙速との指摘は当たらないと考えています。

四　総務省としては、再発防止策をスピード感を持って取り組み、国民視聴者の信頼回復に努めていただきたいとの思いで行政指導を行ったところであり、ＮＨＫにおいては、公共放送としての社会的責任を深く認識し、放送法・番組基準などの遵守及びその徹底を行っていただきたいと考えております。

五　なお、行政指導とは、「処分」のように相手方に義務を課したり権利を制限したりするような法律上の拘束力はなく、相手方の自主的な協力を前提としているものであります。

これは恐らく総務省の事務方スタッフが書いた作文です。一九九三年の「椿事件」以降に表明した四条は法規範性を有する――という立場を繰り返したに過ぎません。というか……注意深くその路線を踏み外さないように言葉が選ばれてはいます。まだ節度はかろうじて残っている。どういうことかというと「法規範」と言いきってしまうと、憲法との整合性がつかないので「性」を加え、強制力のある「行政処分」も又、法的拘束力を持ってしまうのであくまで「指導」にとどめ、相手からの自主的な是正を期待するという「自主自律」に目配せをした文言になっているからです。

高市大臣は、そのような趣旨がこの文書に込められていることをわかった上であえて誰かに気に入られたくてわざと――なのか、そもそもこの文書がどのような歴史を踏まえて書かれたものか知らず、もしくは学ぶ気がないか、どちらかしか僕は思いつかないのですが、これに続いて、公の場で発せられていく彼女の「言葉」は明らかにこの総務省と放送局の間で一応「運用上」のおとしどころとして受け継がれてきた放送法の解釈を大きく踏み外すことになります。

ここで全てを取り上げはしませんが、「政治的公平」はひとつの番組でも判断するという視聴者の会の質問状に対するリップサービス満点の答えや、行政指導しても全く改善されず繰り返したら「電波停止」をしないとはいえない、という発言を聞くと彼女は放送法だけではなく、先ほど触れた行政手続法における「行政指導」と「行政処分」の区別すらついていないようです。（これ実は僕も良くわからずに最近になって勉強したんですが）だって、この談話の五で自ら「行政指導」に強制力はないって言ってるんですから。どうしたらその先に「停波」が語れるのでしょう。このような齟齬（そご）をきたすのは、官僚の作文と大臣本人の発言が混在してしまっているからだと思うのですが。

行政手続法第三二条二にはこうあります。

「行政指導に携わる者は、その相手方が行政指導に従わなかったことを理由として、不利益な取り扱いをしてはならない」

さて「電波停止」をちらつかせながら「指導」を続けるという高市大臣の態度はこの、彼女が「指導」の根拠として持ち出している、あくまで相手の自主的な是正を前提にすべき法律の解釈として、正しいのでしょうか。

高市大臣は「権限があると放送法に書いてあるから、あると発言しただけで、民主党政権の大臣も同じことを言っていた」と、「行政の継続性」という言葉を使いながら、私だけ批判されるのは不当だ、と発言しています。

しかし、決して、その歴史を一九九三年以前に遡るようなことはしない。なぜなら、継続していないので都合が悪い。だから修正された後の歴史しか見ようとしないのです。

## 四条違反の罰則は放送法から削除されている

さて、いよいよ今回の私見のクライマックスの「停波」についてです。

前回の私見でも述べた通り、放送法には原則罰則規定が無い。

特にですね、第四条に応答する形での罰則は放送法制定のプロセスでGHQサイドの厳しい批判にあって削除したという歴史があるのです。

当初国側は、この四条を放送局を戦前同様公権力のコントロール下に置くために罰則規定にこだわっていました。

ですから一九四八年六月に国会に提出された放送法案の第八八条の三に第四條第三項の規定に違反した者は、五千円以下の罰金に処する、と記してあった。

しかし、この法案に盛り込まれた四条（のちに倫理規定として復活）と八八条（罰則）は占領軍の強い反対にあって削除されるわけです。

こんなものを法律に残したら「政府にその意志があれば、あらゆる種類の報道の真実あるいは批評を抑えることにこの條文を利用することができる」というのがその理由です。まぁ、隠していたその「意志」が見抜かれてしまったわけですね。（これは私見②でも指摘をしましたが）四条を巡っては、いったんは削除に応じる素振りを見せたあとでこっそり条文に復活させましたが、罰則は、削除されたまま、今に至っているのです。これが歴史的事実です。ここは非常に大切です。忘れないでください。

放送法四条の倫理規定（政府は法規範）に対する罰則は、本来あったものが削除されたままになっている。困ったのは公権力です。放送をコントロールする為には罰則が必要です。で、いきなり電波法七六条の「停波」の登場です。

遠すぎませんか？　と私見②で指摘しました。

フリとウケとしては遠すぎる。

それはそもそも呼応していないから当然なのですが、どうしてもテレ朝の「椿発言」を罰したかった公権力が本来は四条には適用されるはずのなかった電波法を持ち出した。この点についてもう少し考えてみましょう。

電波法七六条には確かに「停波」と書かれている。

文字通りに解釈すれば、それは公権力の（監督官庁の）権限なのでしょう。しかし。

放送法一七五条には総務大臣は、この法律の施行に必要な限度において、政令の定めるところより、放送事業者、基幹放送局提供事業者（略）に対しその業務に関し資料の提出を求めることができる。と書かれています。

これを受けて放送施行令七条に細かくその運用のルールが記されているのですが注目すべきは

この中で総務大臣が放送事業者の業務に関して提出を要求出来る資料から「放送番組の内容に関する事項」を明文で除外している点です。

これをどう考えるのか？

普通に読めば、停波の権限は資料の提出を求められていない番組内容を巡っては行使されない、と解釈されるのではないか？

だとしたら高市大臣の言っていることは法的根拠を失います。しかし、残念ながらそう簡単にはいかない。

放送法について学ぶ為の基本図書である、金澤薫の『放送法逐条解説』はこの件（放送法一七四条及び電波法七六条の適用との関係）について、次のように説明しています。

『本法第一七五条に基づく執行令では資料提出の範囲から個々の放送番組の内容を除いていることから、放送事業者に個々の放送番組について資料提出義務はない。このことから本法第一七四条又は電波第七六条の適用は番組の詳細に立ち入ることがなくともその違反が明白な場合に自ずと限定されることとなる。』

ということで、この、元郵政事務次官である金澤さんが番組をあらためて観なくても「停波」

の権限行使が許容されるほどひどい番組の具体例として例示しているのが先日高市大臣がほぼそのまま口にした次のような番組ということになります。

①放送番組が放送されることが公益を害し、放送法又は電波法の目的に反するものであることから、将来に向けて阻止する必要があること。

③同一の事業者が同様の事態を繰り返し、再発防止の措置が十分ではなく放送事業者の自主規制に期待するのでは、本法第四条を遵守した放送が確保されないと認められること。
の要件に適合する場合には適用が可能と考えられる。しかしながら、この適用は第一義的には自主規制によるものであることを念頭に置き厳格に行う必要がある。

事務次官まで経験した金澤さんの解釈に僕のような素人が反論するのはおこがましいかも知れませんが、反論します。普通に、日本語として読んだ時に、この、放送法一七五条及び、施行令七条は、「番組の詳細に立ち入ることがなくても明白な」場合には適用出来る、のではなく、「番組の内容については、この法律（放送法一七四条、及び電波法七六条）は適用しない」からこそ番組の提出義務がない――そう考えるほうが妥当なのではないでしょうか。

ここだけはどうも金澤さんの解釈が、公権力の放送への介入、つまりは規律の根拠として四条をとらえるスキを残そうという政治的な意図を感じるのです。そもそも罰金刑で済まそうとしていた微罪に、死刑にも等しい「停波」を対応させようとして無理にこのふたつ（四条と七六条）を結びつけた為に、現実的にはあり得ないような例え話をするしかなくなっている。

金澤さんより僕の解釈に添って読んだ方が、そもそも罰則として用意されていた条文が削除されているという歴史的な事実とも合致しますし、自主自律の精神とも馴染む。いかがでしょうか？

さらに。僕がそのように四条と電波法の七六条を切り離すべきだと考える、もうひとつの根拠があるのですが、それは昭和三三年に国会に提出された放送法改正案を巡っての次のようなやりとりです。

## 内閣法制局は四条に基づく番組への規律の権限を政府は持っていない、と言明していた

時は一九五八年一〇月三一日。

場所は第三十回国会衆議院逓信委員会。

質疑は「電波監理委員会」の廃止に伴って、郵政相の諮問機関として設置される「電波監理審議会」の権限の範囲について。

この時の放送法四九条一項には「電波監理審議会は（略）放送の規律に関し、郵政大臣に対して必要な勧告をすることができる」とあり、この「放送規律」には放送番組の内容が含まれるのかどうかという点がひとつの焦点になりました。

――廣瀬政府委員

『電波監理審議会は放送法第一条の目的を達成するため設けられたものでありまして、かつ同審議会が郵政省の付属機関とされておりますので、放送法第四十九条第一項の規定によります勧告の範囲は、当然に放送法第一条の目的を達成するための範囲であります。かつ郵政大臣の権限の事項に限られるものと解釈できると思います。この場合に郵政大臣の権限に属する事項とは、内閣法、郵政省設置法、放送法、電波法その他の関係法令で定められておりまして、これらの法令上権限が認められております事項、このうちにはこれらの法令の改正のための手続も含んでおりますが、さような事項をいうのでございます。従いまして、放送法第一条もしくな第三条に反するごとき事項は放送の規律の中には含まれていないわけであります。』

これは間接的な表現ではありますが、郵政省は放送法一条・三条に反するような規律を放送局には求めることが出来ない、ということです。

――館野説明員
『（前略）四十九条の勧告の範囲につきまして、一体郵政大臣に、こういう条文があるから、そのことのために他の各案に規定しております以上に権限が与えられるものと解すべきかどうかということにつきましては、全般的に法制局と打ち合わせた結果、そういうものではない、新たな権限の付与でないということに政府として確定しておるわけであります。』

ここで内閣法制局が登場します。注目してください。

――小澤（貞）委員
『私はくどいようですが、これはだれが解釈しても放送の規律ということで、内容その他についてはいろいろ言う権限がないわけですね。（中略）善良な風俗とか教育の問題とか、番組の適正化だとか、そういうふうにいずれも抽象的なものでわからないものがあるわけです。そういうものが、だれかが逸脱しているんだと解釈した場合に、この放送の規律という問題で、それについて大臣が適当な処置をする道が開かれていると思うのですが、そういうことはできないのですね。放送の規律ということは、法律的にそうでしょう。今、大臣の見解とか次官の見解じゃないんですよ。法的にできないわけですね』

小澤さんは放送局を規律する根拠が本当にないか、しつこく質問を繰り返しています。

――石川説明員
『そうでして、言わずもがなのことと思いますが、法律の解釈は第一次的には、政府としては内閣の法制局が最終的に統一的な見解を出してあります。従って、いろいろな見解が出ましても、それは公式的なものではない。ただ問題といたしまして、この法制局の解釈がくつがえされますのは、御承知の通り最高裁の判決でくつがえることはございますが、それまでは政府といたしましては法制局の見解をとっております。従いまして、ただいまあとで御質問になりました点については、仰せの通りでございます』

この郵政政務次官の廣瀬さんと郵政省電波監理局の石川さんの答弁を要約すると、「番組審議会が放送に対して行いうる「規律」は、郵政省の持つ権限を超えるものではなく、従って放送法一条、および三条に反するような「規律」は含まれない。」

「番組内容についてはいろいろ言う権限が政府にはない」「政府としては内閣の法制局が（そのような権限がないという）最終的に統一的な見解を出していて、最高裁の判決でくつがえらない限り、政府としては法制局のこの見解に従う」

これに先立つ、第二八回国会の政府答弁でも「郵政大臣が放送局に求め得る資料の中には放送番組編集の自由（三条）と背馳（はいち）するような、背馳するおそれがあるような事項は当然含まれない」と言明されている。

つまり「停波」などという厳罰を番組内容を巡って与えるのは番組編集の自由を定めた三条に反するので許されない。

だとするならば、この内閣法制局の統一見解が、くつがえらない限り、郵政省（総務省）に電波法七六条によって番組内容に関して「規律」する権限は与えられないと考えるのが妥当なのではないか。

つまり、停波の権限は番組内容を巡っては行使出来ない。違いますか？

放送法一条・三条は今日まで書きかえられていない。何かこの歴史的事実をひっくり返すような最高裁の判決やそれによって生じた内閣法制局の四条についての正当な解釈の変更が存在するのでしょうか？

度重なるその後の放送法改正の中で、なしくずし的に変わったのでしょうか。どなたか是非教えてください。

限られた時間の中で可能な限りの研究者の論文に目を通したつもりですが、今のところこれ以上明快な根拠になり得る資料に出会うことが出来なかったので、正直確信はありません。

金澤さんの解釈は非常に限定的な場合に限っているとはいえ、番組内容を巡って停波の権限を公権力に与える根拠になり得るので、行政側には評判がいいはずです。だから高市大臣も利用した。

もし、この、放送法四条、そして一七五条、施行令七条と電波法の七六条「停波」の関係について、僕の解釈の間違いをご指摘いただける方がいたら御教示下さい。誤解であれば、謙虚に受け止めます。

よろしくお願いします。


さて。当初の予定をはるかに超える分量の論考になりました。

資料集め及び清書してくれた分福のスタッフも呆れています。

正直、これを全文ホームページにアップして読んで頂けるものなのか？　やや不安ではありますが、個人的にはちょっとスッキリしました。

今回の私見は何らかの結論や提言に至ったりはしておりませんが、いったんここでペンを置きたいと思います。僕は再び本業である映画監督の仕事に戻ります。

しかし。今年、選挙をひかえて、放送に対し、そして恐らく僕も所属するＢＰＯに対し、公権力の側から再び働きかけ（圧力）があるのではないか？　と危惧されています。彼らが次に私たちの公共財である放送に対して、どのような攻撃を仕掛け、より強固な監督下に置こうと画策するのか？

逆に私たちひとりひとりがしっかりと監視をしなければなりません。その為には、局の垣根を越えて志ある放送人が、健全な民主主義の発展に資する放送を求める市民たちと、そしてそれらの実現をサポートするＢＰＯとが、正しい歴史認識と情報を共有し連帯していく必要があります。頑張りましょう。

放送を巡る歴史修正主義に抗するために――――。

是枝裕和

主な参考文献・資料）


・『放送法を読みとく』鈴木秀美・山田健太・砂川浩慶＝編著　商事法務
・『放送法逐条解説（改訂版）』金澤薫　一般財団法人情報通信振興会
・『テレビの憲法理論』長谷部恭男　弘文堂
・『テレビと権力』清水英夫　三省堂

・『「あるある」、椿発言などにみる番組内容への行政指導と放送法』鈴木秀美（「Ｊｏｕｒｎａｌｉｓｍ」二〇一〇年七月号）
・『放送の自律性の確保をめぐって』清水幹雄（「放送研究と調査」一九九七年三月号）
・『放送法はどう解釈すべきか』小町谷育子（「ＧＡＬＡＣ」二〇一六年三月号）
・『電波監理委員会をめぐる議論の軌跡』村上聖一（「放送研究と調査」二〇一〇年三月号）
・『放送法は「放送取締り法」ではない』松田浩（「放送レポート」二〇一六年一・二月号）
・『検証　放送法「番組準則」の形成過程～理念か規制か　交錯するＧＨＱと日本側の思惑～』村上聖一（「放送研究と調査」二〇〇八年四月号）
・『表現の自由のために～番組編集準則は制作者の倫理確立を支える～』西土彰一郎（「新聞研究」二〇一六年二月号）
・『違法な政府答弁に注意を』砂川浩慶（「ＧＡＬＡＣ」二〇一六年二月号）
・ｗｅｂ．「すべてを疑え！！」坂本衛

# あとがき

報道にとって「公平中立・公正」であることとは何かをテーマにした本書は、メディア総合研究所（東京都新宿区）の機関誌『放送レポート』（隔月刊）に掲載された関係者へのインタビューや、座談会の連載記事・寄稿を中心に加筆・再構成されています（連載のタイトルは「そうだったのか！　ジャーナリズム」二〇二一年五・六月号〜二三年七・八月号、全一五回）。連載の執筆を担ったのは、早稲田大学総合研究機構に設けられた「次世代ジャーナリズム・メディア研究所」の招聘研究員らでつくる「そうだったのか！　ジャーナリズム研究会」（早大ジャーナリズム研究会）の六人。全員が報道機関の現役か出身で、ジャーナリストや研究者として活動するなか、「事件や事故、災害の被害者をなぜ実名で報道する必要があるのか」「選挙報道は偏った政府批判ばかりではないか」「戦争・紛争や災害取材は迷惑になる」――といったメディア不信が年齢層を問わずに年々、広がってきているのではないかと感じていました。そこで、報道活動への疑問に少しでも応えられればと考え、犯罪被害の関係者や被害者を実名で発表する捜査関係者、国会議員らにインタビューし、これらを基に議論を重ねてきました。研究会名の「そうだったのか！」には、その成果に触れた人たちの理解に少しでも役に立てたらという願いを込めました。

「公平中立・公正」は、報道機関にとって当たり前のルールのように見えますが、民主主義社会では報道機関のチェックを受けるべき権力を行使する側の人々がこれを逆手に取って自分たちに都合よく報道を牽制する道具として使うようになってきていました。

例えば、自民党は選挙が近づくと、放送法四条の「政治的に公平であること」を根拠に放送の内容への介入を繰り返してきた歴史があります。放送界の黒歴史と言える、旧日本軍の「慰安婦」問題を取り上げたNHK番組「ETV2001 シリーズ 戦争をどう裁くか」の「第2回 問われる戦時性暴力」（二〇〇一年一月放送）の番組改竄問題で、放送前日に安倍晋三氏（当時は官房副長官）がNHK幹部に語った言葉は「公平公正な番組に」でした。近年では川端和治氏や是枝裕和氏が放送倫理・番組向上機構（BPO）の放送倫理検証委員会の委員を務めていた時期と重なる第二次安倍政権の時代に特に露骨な介入問題が相次ぎました。

一方、メディアへの介入を防ぐ手立てとして取材や報道の現場では誤った「公平中立・公正」の編集方針を重視する傾向が強まり、放送時間や行数を同じにすることに力点が置かれ過ぎた結果、ディレクターや記者からは伝えるべき内容が曖昧になってしまったと不満が出てきていると も聞きます。「メディアの政権への忖度」を視聴者や読者が報道に感じる背景にあるものとも言えます。

「事件とか事故とか起きた時にそれがどういう社会的な背景があるのかというのを考えていくのが報道の役割だ」。是枝裕和氏（右）は小川彩佳氏の質問にそう答えていた＝TBSの報道番組「news23」（2023年6月6日放送）から

一強と言われた安倍政権が二〇二〇年九月に終わり、菅義偉、岸田文雄の政権へと引き継がれてから三年半になりますが、安倍政権の呪縛から放送界は解放されたのでしょうか。

二四年二月、田中優子氏（前法政大学学長）と前川喜平氏（元文部科学省事務次官）が共同代表を務める市民グループ「テレビ輝け！　市民ネットワーク」は、上場している放送局の親会社の株主となり、権力介入を排し、放送の自立を高めるための株主提案をする、と発表しました。最初に取り組む放送局となったのはテレビ朝日ホールディングスでした。本書で何度も指摘したようにテレビ朝日はＴＢＳと並び安倍政権に大いに翻弄された民放です。

是枝氏は二三年六月六日、ＴＢＳの報道

番組「ｎｅｗｓ23」に生出演しました。監督した映画「怪物」がカンヌ国際映画祭で脚本賞、クィア・パルム賞を受賞したことへのインタビューでしたが、そのなかで、「放送が僕を育ててくれた場所なので今でも直接番組を作ってはいませんけれども放送人だという自覚が実はあるんですね。（番組を）やれるチャンスがあるのであれば関わりたいなと思っている一つです」とテレビへの愛情を明かしました。メインキャスターの小川彩佳氏からの「そうしたことがあったときに取り上げたいニュースというのは何かありますか」との問いにはひと呼吸置いて「総務省文書」問題に触れ、「政治と放送の距離感というのがどういうふうに危ぶまれているのかということがすごく気にはなっているんですね。特にＴＢＳは番組を名指しされて攻撃されたわけですからそのことはやはり、きちんと検証して追いかけて報じる責任があると思っています。それがやっぱりこの局（ＴＢＳ）の信頼性をつくっていくと思うのでそこはきちんとやってほしい」と要望していました。小川氏が「今の言葉、しかと受け止めます」と述べてインタビューは終わります。

同じインタビューで是枝氏は「事件とか事故とか起きた時にそれがどういう社会的な背景があるのかというのを考えていくのが報道の役割だと思う」「今起きていることをとにかく報道することに精いっぱいになっていると思うんですけど、ちょっと前のことを振り返って縦軸で追いかけてくれる番組というのがなかなかないですよね」と語っていました。「総務省文書」の存在が明らかになってから約一年たった今日、放送法四条の解釈は変更されたままで、撤回はされていません。放送界に限らず、ジャーナリズム界にとってはもはや過去の出来事になってはいないでしょうか。それでも本書の筆者一人一人は書名にあるように「テレビをあきらめない」という応援を込めて執筆したことを、筆者陣を代表してご報告したいと思います。

この間、自民党の旧統一教会問題や派閥による政治資金集めパーティーの裏金問題などの報道でテレビが本来のジャーナリズムを取り戻しつつあるように思え、歓迎するとともに注視していきたいと考えています。

最後になりましたが、次世代ジャーナリズム・メディア研究所の瀬川至朗所長(早稲田大学教授、毎日新聞出身)には研究活動の機会を与えていただきました。また、二〇二〇年春から活動を継続できたのは、監修の立場で本書の発行に関わったメディア総研に成果発表の場として『放送レポート』の誌面を提供してもらえたことだと思っています。緑風出版の高須次郎さんには快く出版を引き受けていただき、高須ますみさんや斎藤あかねさんには編集で、お世話になりました。この場を借りて、関係各位に感謝申し上げます。

二〇二四年二月

臺　宏士

〈著者略歴〉


## 是枝裕和（これえだ・ひろかず）

映画監督。テレビマンユニオンに入社。ドキュメンタリー番組を手掛ける。初監督映画は『幻の光』(1995年)。『誰も知らない』(04年)『歩いても 歩いても』『海街diary』」(2015年)。14年に西川美和監督らと「分福」を設立。18年、『万引き家族』でカンヌ国際映画祭パルム・ドール、22年、『ベイビー・ブローカー』で同映画祭・独立賞のエキュメニカル審査員賞を受賞。著書に『こんな雨の日に 映画「真実」をめぐるいくつかのこと』など。1962年、東京生まれ。早稲田大学卒。

## 川端和治（かわばた・よしはる）

弁護士（元第二東京弁護士会会長、元日本弁護士連合会副会長）。放送倫理・番組向上機構「放送倫理検証委員会」調査顧問（2018年から)。放送倫理検証委員会委員長（07年～18年)、朝日新聞社「編集権に関する審議会」委員（15年～22年）などを歴任。著書に『放送の自由－その公共性を問う』（岩波書店）など。1945年、北海道生まれ。東京大学卒。

## 早稲田大学総合研究機構次世代ジャーナリズム・メディア研究所「そうだったのか！ジャーナリズム研究会」(50音順)

### 澤康臣（さわ・やすおみ）

早稲田大学教授、専修大学兼任講師、共同通信出身。著書に『グローバル・ジャーナリズム－国際スクープの舞台裏』(岩波新書)など。

### 高橋弘司（たかはし・ひろし）

元横浜国立大学教授、早稲田大学総合研究機構招聘研究員、毎日新聞出身。共著に『自己検証・危険地報道』（集英社新書）など。

### 臺宏士（だい・ひろし）

ライター、『放送レポート』編集委員、早稲田大学総合研究機構招聘研究員、毎日新聞出身。共著に『「表現の不自由展」で何があったのか』（緑風出版)。

### 中澤雄大（なかざわ・ゆうだい）

ノンフィクション作家、大正大学非常勤講師、早稲田大学総合研究機構招聘研究員、毎日新聞出身。著書に『狂伝 佐藤泰志』(中央公論新社)など。

### 野呂法夫（のろ・のりお）

東京（中日）新聞編集委員、早稲田大学総合研究機構招聘研究員。福島第一原発事故を巡る東京新聞の調査報道で2012年菊池寛賞などを受賞。

### 松原文枝（まつばら・ふみえ）

テレビ朝日総合ビジネス局担当部長、早稲田大学総合研究機構招聘研究員。元「報道ステーション」プロデューサー。映画『ハマのドン』監督。

# 僕（ぼく）らはまだテレビをあきらめない

2024年3月31日　初版第1刷発行　　定価2500円＋税

著　者　是枝裕和・川端和治・早大そうだったのか！ジャーナリズム研究会 ©
監　修　メディア総合研究所
発行者　高須次郎
発行所　緑風出版
〒113-0033　東京都文京区本郷2-17-5　ツイン壱岐坂
〔電話〕03-3812-9420　〔FAX〕03-3812-7262　〔郵便振替〕00100-9-30776
［E-mail］info@ryokufu.com
［URL］http://www.ryokufu.com/

装　幀　R 企画
制　作　R 企画
製　本／印　刷／用　紙　中央精版印刷　　E1000




ISBN978-4-8461-2312-3　C0036

◎緑風出版の本

■全国どの書店でもご購入いただけます。
■店頭にない場合は、なるべく書店を通じてご注文ください。
■表示価格には消費税が加算されます。

**検証アベノメディア**
――安倍政権のマスコミ支配
臺宏士著

四六判並製
二七六頁
二〇〇〇円

安倍政権は、巧みなダメージコントロールで、マスメディアを支配しようとしている。放送内容への介入やテレビの停波発言など「恫喝」、新聞界の要望に応えて消費増税時の軽減税率を適用する「懐柔」を中心に安倍政権を斬る。

**アベノメディアに抗う**
臺宏士著

四六判並製
二七二頁
二〇〇〇円

報道機関への「恫喝」と「懐柔」によってマスコミを支配しつつある状況は深刻化している。だが、嘘と方便が罷り通る安倍政権の情報隠しに抗う人達がまだまだいる。本書は抵抗する人々を活写し、安倍政権の腐敗を暴く。

**報道圧力――官邸VS望月衣塑子**
臺宏士著

四六判並製
二一四頁
一八〇〇円

官邸がいらだちを見せた東京新聞の望月記者への質問妨害、いじめなどが多発した内閣記者会見。「望月質問」についての東京新聞への申し入れを時系列にそって検証。政権による報道圧力、記者クラブの対応など、現状に肉薄。

**「表現の不自由展」で何があったのか**
臺宏士・井澤宏明著

四六判並製
二八〇頁
二四〇〇円

本書は、「表現の不自由展・その後」をはじめ、2021年7月の「名古屋展」と「大阪展」、そして、22年4月の「東京展」など「表現の不自由展」をめぐる出来事の取材記録であり、表現の自由とは何かを考えるレポート

## 個人情報保護法の狙い

臺宏士著

四六判並製
二六八頁
一九〇〇円

「個人情報保護」を名目にした「メディア規制法」が、国会に提出された。「個人情報保護に関する法律案」だ。この法案は、民間分野に初めて法の網をかけると共に、言論・出版・報道分野も規制の対象になる。問題点を指摘する。

## 危ない住基ネット

臺宏士著

四六判並製
二六四頁
一九〇〇円

住民基本台帳ネットワークシステムの稼動により行政にプライバシーが握られると、悪利用されるおそれがある。本書は、住基ネットの内容、個人情報がどのように侵害されるかを、記者があらゆる角度から危険性にメスを入れた。

## スキー場はもういらない

藤原　信編著

四六判並製
四二一頁
二八〇〇円

森を切り山を削り、スキー場が増え続けている。このため、貴重な自然や動植物が失われている。また、人工降雪機用薬剤、凍結防止剤などによる新たな環境汚染も問題化している。本書は初の全国スキーリゾート問題白書。

## ルポ・東北の山と森
自然破壊の現場から

山を考えるジャーナリストの会編

四六判並製
三二〇頁
二四〇〇円

東北地方は、大規模林道建設やスキー場などのリゾート開発の是非、絶滅危惧種のイヌワシやブナ林の保護、世界遺産に登録された白神山地の自然保護をめぐって揺れている。本書は、これらの問題を取材した記者によるルポ。

## 調査報道
公共するジャーナリズムをめざして

土田修著

四六判上製
二二四頁
二二〇〇円

欧米の調査報道、市民運動に連携する「パブリック・ジャーナリズム」を紹介しながら、記者クラブ制度に依拠し、お役所の広報紙と化した日本のマスメディアを脱構築し、市民の視点に立った「公共するジャーナリズム」を提言する

# ◎緑風出版の本

■全国どの書店でもご購入いただけます。
■店頭にない場合は、なるべく書店を通じてご注文ください。
■表示価格には消費税が加算されます。

## GAFAという悪魔に

ジャック・セゲラ著・小田切しん平 他訳

四六判上製
二二八頁
2200円

グーグル、アマゾンなどのGAFAは、私たちの日常生活を支配しようとしている。情報を集積し、物品の購買、レジャー、仕事、思考、趣味・嗜好に関して、依存的な精神状態を作り出す。この悪魔とどう戦えばいいのか？

## 諜報ビジネス最前線

エイモン・ジャヴァーズ著・大沼安史訳

四六判上製
四六四頁
2800円

グローバル経済では、より重大かつ危険な「秘密」や「情報」が企業活動の成否を決めており、諜報ビジネスは企業の世界的な活動にとって今や不可欠とされている。米国調査報道の第一人者がその全貌を初めて明らかにする。

## 記者クラブ—情報カルテル

ローリー・アン・フリーマン著・橋場義之訳

四六判上製
三六〇頁
3000円

日本のメディアは、記者クラブや新聞協会、メディアグループなどがつくり出す「情報カルテル」によって支配され、報道の自由が事実上制限されている。本書は記者クラブ制度を軸にした情報カルテルの歴史と実態を実証的に分析。

## ペンの自由を貫いて
### 伝説の記者・須田禎一

小笠原信之著

四六判上製
三〇四頁
2500円

敗戦日本の講和条約には全面講和論を最後まで貫き、「六〇年安保」では在京「七社共同宣言の事なかれ主義を徹底批判した伝説の記者、須田禎一・生誕一〇〇年の今、やせ細るばかりのジャーナリズムに送る「再生の書」。